Guía de setas de Asturias

Guía de setas de Asturias

José Arias Canga

Ediciones Trea

Ediciones Trea, S. L.
María González, *la Pondala*, 98, nave D
33393 Somonte-Cenero. Gijón (Asturias)
Tel.: 985 303 801. Fax: 985 303 712
trea@trea.es
www.trea.es

Dirección editorial: Álvaro Díaz Huici
Producción: José Antonio Martín
Maquetación: Proyecto Gráfico • [Alberto Gombáu]
Impresión: Gráficas Summa

ISBN: 978-84-9704-854-5
Depósito legal: As-3.842/2014

Impreso en España

ÍNDICE

Presentación 9

Introducción 13

Tradiciones populares 15

Las setas como alimento 25

La cocina de las setas y sus recetas 37

Biología 52

Catalogación 61

- Mixomycetes 61
- Ascomycetes 65
- Basidiomycetes 85
  - Polyphorales 85
  - Boletales 89
  - Agaricales 108
  - Russulales 196
  - Aphylophorales 214
  - Heterobasidiomycetes 244
  - Gasterales 247

Bibliografía 265

Índice onomástico 267

Notas de campo 270

Presentación

Estamos ante una nueva edición de la *Guía de las setas de Asturias*. Nuestra intención, como en el caso de la edición anterior, es hacer una guía de carácter divulgativo. Una guía para el micófito e incluso para el micófago, pero no tanto para el micólogo. Con esto queremos decir que esta es una guía para el aficionado que sale a caminar por el monte con la ilusión de disfrutar del paisaje, pero también del micropaisaje: de ese paisaje que se esconde entre la hojarasca, que trepa por las cortezas de los árboles, que se pierde entre las hierbas; habitado por insectos, caracoles, saltamontes, lombrices... y poblado por setas. Al caminante, la búsqueda de las setas le descubre este mundo, que la mayor parte de las veces nos pasa desapercibido. Es una guía también para el micófago, para el que disfruta no solo del paseo, sino también de la degustación de estos manjares.

La *Guía* consta de dos partes perfectamente diferenciadas. La primera parte, de carácter didáctico y gastronómico, donde, por medio de textos y dibujos, se tratan aspectos biológicos tales como la reproducción, nutrición y ecología de los hongos; aspectos morfológicos que establecen los diversos grupos y órdenes de hongos, así como las características macroscópicas que son fundamentales a la hora de identificar las distintas especies. También se incluye en esta primera parte un capítulo de bromatología que trata de los componentes nutritivos y las propiedades tóxicas de las setas, y otro de etnografía que analiza las tradiciones populares sobre este asunto. Por último, la gastronomía: más de treinta recetas y una serie de consejos prácticos tanto para la cocina como para la conservación.

La segunda parte consiste en un catálogo que incluye 200 especies, ilustradas cada una de ellas con una o dos fotografías y descritas en una ficha en la que se hacen constar las características más sobresalientes.

Para hacer la selección de especies le hemos dado especial importancia al interés gastronómico, así como a la toxicidad, de manera que queden representadas las setas más sabrosas y las tóxicas; también hemos recogido aquéllas que presentan formas que difícilmente se identifican con ellas: de coral, de falo, de cuenco, de estrella, de colmena...

Finalmente, la bibliografía y el índice alfabético de especies completan la *Guía*.

Agradecemos a Ignacio Menes la autoría de los textos relacionados con la bromatología, a Esperanza Ibáñez de Aldecoa la de los textos relacionados con la etnografía, y a Flor María Fidalgo y Salvador Álvarez Baños la de gran parte de las recetas.

Gracias a Miguel Mingotes, que redactó y mecanografió parte de los textos, corrigió el libro y participó en el trabajo de campo.

Gracias, finalmente, a los amigos que, con su apoyo, hicieron posible esta obra.

A la memoria de Servando Menéndez Riera

Introducción

Utilizando el término *seta* en vez de *hongo* en el título de este libro, *Las setas en Asturias*, trataremos de generar en el lector dos ideas: primera, que vamos a estudiar en él únicamente los *macromicetos*, hongos de gran porte; segunda, que se trata de una obra divulgativa, enfocada principalmente hacia ese grupo cada vez más numeroso de personas atraídas por el mundo de las setas: micólogos, micófilos y micófagos.

En Asturias nunca ha estado arraigada popularmente esta afición; caso distinto sería el País Vasco o Cataluña. No obstante, en los últimos años parece que va en aumento el número de aficionados. Esto, que por una parte supone un proceso de sensibilización y de integración en nuestro medio natural, un escape de los humos, ruidos y tensiones que padecemos los que vivimos en un entorno urbano, por otra parte puede suponer un peligro para dicho medio natural (desgraciadamente son muchos los que destrozan lo que desconocen, los que no respetan pastizales ni bosques, sembrados ni propiedades, los que contaminan con latas, plásticos y demás detritus nuestros campos) y un peligro también para el funcionamiento de nuestro organismo, si bien en los últimos años las soluciones médicas a las intoxicaciones van siendo cada vez más positivas y, en consecuencia, el número de desgracias fatales cada vez menor.

El buscador de setas ha de tener, pues, un profundo respeto a la naturaleza y sus moradores: no abandonemos en los campos botellas, latas o plásticos, no vaciemos el cenicero de nuestro coche, no pisemos los prados cuando están a punto para la siega, no dejemos abiertos a nuestro paso los cierres de fincas que hemos encontrado cerrados, no pisemos los sembrados, no hagamos fuegos innecesarios y en lugares peligrosos…

El buscador de setas ha de tener también un profundo respeto a su propio cuerpo. No comeremos una seta si no tenemos absoluta seguridad de qué especie se trata. Debemos desterrar para siempre de nuestra cabeza todos esos sistemas que infaliblemente descubren las sustancias tóxicas que contienen las setas, véase: el truco de la cucharilla o moneda de plata, el de la existencia o no de anillo, el de dárselas primero al gato… Esos sistemas no funcionan, y lo único que nos pueden dar es un grandísimo disgusto. Al neófito le surge inmediatamente la siguiente pregunta: ¿Cómo llegar a diferenciar una seta de otra? La respuesta creemos que es bastante clara, es la de siempre: con la teoría y la práctica, con el estudio y la experiencia. Es necesario estudiar para conocer qué es un hongo, distinguir las diferentes partes de los cuerpos fructíferos de dichos organismos, conocer las características morfológicas para que cuando se nos describa una especie entendamos el lenguaje. Pero es necesaria también la experiencia, así es que, para dar los primeros pasos, debemos buscar a alguien realmente formado que nos reafirme en nuestras conclusiones a la hora de clasificar un ejemplar, o que, por el contrario, rectifique nuestro juicio. Despacio. Hemos de ir avanzando en nuestros conocimientos, asegurándolos de verdad, que no sean fugaces como los *Coprinus*, que perduren como los *Marasmius oreades*. Recolectemos en principio unas pocas variedades de las que estemos absolutamente seguros. Aprendamos a reconocer las más peligrosas. Vayamos poco a poco ampliando nuestros conocimientos. Algunos, con las prisas, no llegaron a la intoxicación, pero sí probaron setas de sabor desagradable o padecieron una pequeña indigestión y no quieren ni oír hablar del asunto. Con las prisas se puede perder la salud o, en el mejor de los casos, la afición.

Asturias es un paraíso natural, y lo es, podemos asegurarlo, en lo que a la micología se refiere. La humedad, la benignidad del clima, la abundancia y riqueza de plantas forestales, las diferencias de alturas y un sinfín de causas más hacen que la variedad de especies de hongos sea realmente numerosa y que tengamos desde mediados de marzo, con la aparición de los primeros *Calocybe gambosa* y *Morchella esculenta*, hasta finales de diciembre, con los últimos *Camarophyllus pratensis* e *Higrocybe punicea*, una larga temporada para la recolección de setas. Sólo durante los meses más fríos tendremos que dejar reposar nuestras cestas; el resto del año tendremos la oportunidad de encontrarnos con alguna especie que satisfaga nuestra curiosidad de aficionados y, con un poco de suerte, adorne nuestra mesa.

Los hongos se nutren de sustancia orgánica; los principales depósitos de esta sustancia que sirve de alimento a los macromicetos serán nuestros bosques: capas y capas de hojas en descomposición, montones de troncos viejos, ramas y tocones, forman un hábitat que, ante las primeras lluvias de otoño, se engalana de setas de todas formas y colores. Este espectáculo, sumado al disfrute de la indagación y el estudio, a la satisfacción del gusto y a la grandeza de la tertulia y de la comunicación entre amigos, hace de esta afición el más culto y completo de los deportes.

Tradiciones populares

Tradiciones populares surgen, quizá, en torno al mundo de las setas con más riqueza y variedad que con relación al resto de las plantas.

Varios pueden ser los motivos de dicha riqueza. Posiblemente, uno de ellos sea el formar parte de una serie de especies en las que priva el carácter de lo «desconocido», no existiendo teorías científicas sobre los hongos hasta el siglo pasado y dudando todavía hoy de la clasificación de algunos ejemplares.

Otro motivo de gran fuerza a la hora de provocar el nacimiento de tradiciones y leyendas es el componente esotérico derivado de los contenidos alucinógenos, a veces mortales, de ciertos hongos y su utilización en ritos y brujerías.

Todo ello comporta un cierto grado de riesgo, ya que, aunque son pocas las setas realmente mortales, sí son frecuentes las que pueden producir trastornos muy serios.

El caso es que las leyendas abundan por doquier, y, apenas sale uno al campo, recolecta, al tiempo que setas, peregrinas historias relativas a su origen y terribles relatos referentes a las sustancias mortíferas que almacenan en sus nauseabundas entrañas.

Hemos dividido estas tradiciones sobre las setas en cuatro grandes apartados, en tanto que tradiciones relativas al origen de las setas, la micofobia, la utilización de las setas y los métodos tradicionales utilizados para identificar las setas venenosas.

Tradiciones relativas al origen de las setas

Haciendo una breve compilación entre las tradiciones europeas e introduciendo las que hemos recogido específicamente en Asturias, llegamos a la conclusión de que son cinco, básicamente, las causas que se cree han dado origen a las setas: *a*) sustancias relacionadas con la ingestión, *b*) sustancias en descomposición, *c*) sustancias animales, *d*) el agua y *e*) el fuego.

a) Sustancias relacionadas con la ingestión

Respecto al origen de las setas, es curioso comprobar el paralelismo que existe entre las leyendas europeas y las recogidas en el norte de España, concretamente en Asturias, según hemos ido comprobando. Ello nos hace pensar que todas ellas (con variaciones en la forma, pero no en el fondo) nacieron de un tronco común o diversificadas, pero, en todo caso, en circunstancias muy parecidas en puntos distantes entre sí.

Kleijn recoge en Polonia la siguiente creencia:

«Jesucristo y San Pedro llegaron un día a casa de una vieja que les invitó a comer y, al despedirse, les dio un pan para el viaje. Por el camino, San Pedro sintió apetito y comenzó, a espaldas del Señor, a comérselo. Pero antes de que hubiera terminado, nuestro Señor se volvió hacia él y empezó a hablarle; el pobre San Pedro, al intentar responder con la boca llena, esparció por el suelo migajas de pan, de las cuales nacieron las setas».

Existen muchas otras variantes. En algunas, el pan se sustituye por una torta o un pastel. Otra creencia recogida por Kleijn en la región de Neipa, Bohemia, es muy parecida a la anterior:

«Jesucristo y San Pedro pasan por una aldea pidiendo pan o bizcochos, pues están hambrientos. Una vez han recogido algunas provisiones, continúan su camino y llegan a un gran bosque. Se internan en él y empiezan a comer el pan y los bizcochos. Unos son de harina blanca y otros de harina morena. Las migas que caen al suelo producen cada una un hongo... Las setas nacidas de la harina morena serán venenosas; las de la harina blanca, comestibles».

Es curioso comprobar cómo estas tradiciones europeas tienen bastante relación con las tradiciones recogidas por nosotros en Asturias. Es frecuente aquí que el paisano denomine, en general, a las setas como *pan de culebra*. Al igual que en Polonia o en Bohemia, se asocia a la seta con el pan, asociación por otra parte lógica si tenemos en cuenta la cantidad o interés de los ejemplares fúngicos que huelen a harina: el *Clitopilus prunulus* –llamado *molinera*– y el *Calocybe gambosa*, en el mejor de los casos, blancos como el pan blanco de Bohemia; o el *Tricholoma tigrinum* en el peor, gris, como la harina morena de Neipa. Se les asocia con la culebra, símbolo de la muerte, asociación que también hicieron San Alberto Magno (1199-1280) y sus contemporáneos. *Pan de culebra* es, al final, un sincretismo de esas tradiciones europeas, pero significa justamente lo contrario: si allá era el pan y también el veneno de culebra el origen de las setas, aquí es la seta «comida de culebra», manantial donde adquiere ésta su propio veneno y sustancia nutriente para su desarrollo.

Independientemente, pero en clara relación con las leyendas en que se presenta el pan como origen de las setas, encontramos otra serie de ellas en la que aparecen, como elementos causantes de las setas, conceptos o sustancias que tienen también una relación directa con el hecho de comer: boca, saliva, etcétera. Por ejemplo, Kleijn comenta que la trufa de los ciervos, el *Elaphomyces granulatus*, se suponía procedente de un salivazo de bruja; y Salomón Voos le da el nombre popular de *hexenpizet*, que quiere decir «saliva de bruja».

Un relato popular de la región de Kocevje, al sur de la antigua Yugoslavia, hace referencia al origen de la *Amanita muscaria*, la *falsa oronja*: hostigado por los demonios en la noche de Navidad, Wotan, dios escandinavo, cabalga por el bosque montado en su impetuoso caballo blanco, seguido por su séquito y su jauría. Las gotas de sangre y espuma que caían de la boca del caballo fueron el origen de las falsas oronjas, que aparecieron en el bosque al año siguiente, con su sombrerito rojo salpicado de manchas blancas.

Ello nos hace pensar que en algún tiempo (probablemente con anterioridad a la cristrianización y perdurando entre las gentes de la Edad Media en rituales considerados brujeriles) se llevó a cabo la ingestión de especímenes, fácilmente escogidos entre los de efectos alucinógenos, que dieron lugar a este tipo de leyendas en las que todo lo relacionado con la boca es origen de setas. Habiéndose perdido el contenido de los ritos, perduran sólo los nombres: *pan de bruja, pan de sapo, saliva de bruja*... En Asturias, fundamen-

Amanita muscaria

talmente se considera pan de culebra, como ya hemos comentado.

b) Sustancias en descomposición

Un segundo grupo de sustancias que originan las setas van a ser sustancias en descomposición que, en su grado de mayor tenebrosidad, nacerán de los muertos.

Plinio el Viejo afirmaba, haciéndose eco de las creencias de su época, que los hongos nacen del barro, que proceden de una putrefacción de la savia de la tierra o de las raíces de los robles.

San Alberto Magno explica que el hecho de que haya hongos blandos y frágiles y, algunos de ellos, venenosos, se debe a que proceden de la esencia de la podredumbre, lo que también explica la brevedad de su vida.

San Alberto, conde de Bollstadt, cree también que los hongos proceden de las sustancias en putrefacción y crecen junto a los nidos de las serpientes o en contacto con la herrumbre.

En Asturias, la creencia más arraigada es la de que existe una estrecha relación entre cadáver y seta. Además, aunque sin hacer referencia explícita, queda sobreentendido que los cadáveres son humanos. Quizás porque la seta «mata» y de lo muerto por seta sólo pueden nacer «cosas malas que matan», según viene a explicar la teoría de que «las setas nacen de los muertos», como decía el señor Guillermo, de Caldones.

En relación con esta creencia, recogimos a orillas del río Valdediós, entre Grases y Camoca, la siguiente explicación:

–¡Mal rayu vos parta!, ¿qué lleváis en esi cestu?, ¿qué andáis apañando per ahí? Pero... ¿sabéis lo que tais garrando? Eso ye frutu de les calaveres de los muertos. Onde hay alguna d´elles enterrá, salen d´eses a montones. ¡Cá! ¡Vais mal! ¡Cualquier día...!

Pasados los primeros resoplidos, y tras explicarle nuestros propósitos y conocimientos, el hombre adoptó una actitud más relajada y fácil al diálogo. Llegó a contarnos que las colmenillas (*Morchella esculenta*) y variedades se usaron en su momento para amedrentar a los niños (dado su aspecto poco agradable, suponemos) colocando en su interior una vela encendida: «Pero ye menester que sea grande, ¡como una calavera!».

Esta creencia, indudablemente, está emparentada con la recogida en Silesia referente también a las colmenillas:

«El diablo vagaba un día por el bosque de muy mal humor. De pronto se encontró con una mujer vieja y arrugada. En un ataque de furor, se arrojó sobre ella y la cortó en trozos pequeños que esparció por el suelo. Cada uno de estos fragmentos dio origen a una colmenilla que, con un poco de imaginación, puede verse todavía que está arrugada».

c) Sustancias animales

Otro grupo que, en las leyendas europeas, relaciona el nacimiento de las setas con cierto tipo de sustancias de procedencia animal.

Además de recordar aquí la tradición referente al nacimiento de la falsa oronja, recogemos aquella que hace nacer la trufa de los ciervos *(Elaphomyces granulatus)* de su propio esperma.

En Asturias recogimos otra versión acerca del origen de las setas. Entre Infiesto y Campo de Caso, antes de llegar a la collada de Arnicio, preguntamos a un lugareño si conocía por aquella zona un lugar propicio para la recolección de setas, ocasión que él aprovechó para darnos una lección sobre el origen de las mismas:

–Hay que dir p'el práu buscando les manches negres de la pación. Onde hay una mancha, ye que mexió una vaca. Estes manches hailes redondes y hailes en forma de sierra; ahí ye onde salen les setes. Nacen del mexiu de les vaques.

No le faltaba razón a aquel casín. Bajando de la collada de Arnicio en dirección a Campo de Caso, nos encontramos con varias corras de *Tricholoma nudum*. La que no pudimos localizar, para nuestro disgusto, fue la vaca, casina imaginamos, que dio lugar a tan exquisitos manjares.

d) El agua

De todos es conocida la teoría de que los hongos son producto de la humedad. El agua, aparte de ser hidrógeno y oxígeno, es generadora de hongos, mohos, cornezuelos, royas, excrecencias, úlceras y demás manchas. Sí, generación espontánea de la buena, de la de verdad. Y lo grave es que nos escuchamos a nosotros mismos, cargados de suficiencia, haciendo afirmaciones como la siguiente:

–¿Esa mancha? Son hongos, son de la humedad.

Morchella esculenta

La verdad es que no hemos descubierto nada nuevo, ni tampoco lo pretendemos; simplemente queremos, con semejante afirmación, hacer constar que dicha conclusión está muy extendida y es muy antigua.

e) El fuego

Así es que los hongos vienen de la humedad y las setas de la lluvia. Pero hay cosas todavía más sorprendentes. Los hongos pueden tener su origen en un medio contrario al agua. Sí, «vienen del fuego», del calor inusitado del «rayu». Y no nos estamos refiriendo a las fulguritas, que bien podrían ser hongos vitrificados, sino que nos referimos concretamente al *Calocybe gambosa*, seta de primavera, seta de San Jorge, *moisernó* o seta del *rayu*.

Es posible que los hongos fosilizados por el calor a orillas del mar Rojo, de los que habla Teofrasto en su *Historia plantarum*, tengan algo que ver con las fulguritas y con nuestra seta del *rayu*.

Entre Pintueles y el alto de La Llama, en la falda del Sueve, sale una carretera que conduce a Fresnosa, donde las aguas parece ser que no producen hongos, sino todo lo contrario. Un poco más allá, llegamos a Sietes, el pueblo más alto del concejo de Villaviciosa. Antes de llegar al núcleo del mismo comenzamos la búsqueda del preciado *Calocybe gambosa*. Ante nosotros, una loma de preciosos pastos. A nuestro paso sale un vecino de aspecto apacible y satisfecho (es frecuente encontrarse con vecinos desagradables que la emprenden con uno a voces y «cagatos» y de los que hay que salir por pies si es que se quiere mantener la integridad física por lo menos). Tras el saludo de rigor, vienen las alabanzas al pueblo, a su arquitectura –que siempre serán pocas, por cierto–, la exaltación del paisaje, los halagos a los campos y su situación... El hombre esboza una sonrisa, aunque su entrecejo denota una cierta crispación: «¿Faltaraios un fervor o un paseín a Covadonga?». El paisano está deseando conversación, y le hablamos de unas setas que salen ahora en primavera y que manchan de negro la hierba, en forma de media luna; incluso hay ocasiones en que casi se cierran en círculo...

–Eses son les setes del rayu. Cuando cae un rayu en un práu chamusca la tierra y quema la pación; en eses marques ye onde salen les setes del rayu; otros les llamen *setes de primavera*; son les mismes.

Tradiciones relativas a la micofobia

La presunta maldad de las setas queda reflejada además en una actitud visceral ante su presencia, de modo que, aunque no se recuerden hechos, tradiciones o leyendas que nos hablen de sus poderes maléficos, sí podemos recoger un ánimo claro de prevención. Siempre que hemos pedido a los lugareños indicaciones sobre los lugares en que habitualmente aparecen setas, hemos sido advertidos de su peligrosidad. Reafirma su actitud un hecho que hemos presenciado en más de una ocasión: muchos paisanos llegan a destruir cualquier producto fúngico que aparezca en sus prados ante la posibilidad de que sus animales lo ingieran y les produzca alguna enfermedad o los mate.

No dudamos de que una leyenda negra se cierne sobre nuestras setas. Quizás derive ello, al igual que en Galicia,

Corra o corro de brujas

de la influencia que debió de ejercer la represión de ritos ancestrales, mezclados posteriormente con prácticas brujeriles (en las cuales las setas con componentes alucinógenos debieron de jugar un papel importante) que la Inquisición desterró brutalmente.

De aquí en adelante, las setas quedaron íntimamente ligadas a las gentes consideradas como «brujas», siendo ello motivo de persecuciones por el Santo Oficio y recayendo la mala fama sobre ellas.

Así, en los lugares donde se reprimió la brujería, los hongos se vieron, junto a determinados animales como sapos y culebras, vinculados inexcusablemente a prácticas deleznables, con lo cual la leyenda negra se cernió sobre ellos, considerándolos prototipos de lo malo, lo venenoso, lo perjudicial, dando lugar a sobrenombres para las setas como *pan de sapo* y *pan de culebra*. Además, no olvidemos el tan conocido apelativo que se da a las manchas producidas en los campos por el micelio de algunas especies (la senderuela, por ejemplo, o el *Calocybe gambosa*), el de *corros de brujas*.

En medio de toda esta reacción de micofobia que se rastrea en las tierras de Asturias, hemos de anotar que existen tres o cuatro especies recogidas por algunas gentes que lo han venido haciendo por tradición familiar; el resto de los especímenes son considerados, sin ningún tipo de duda, venenosos.

Las más apreciadas son el níscalo o *Lactarius deliciosus*, la llamada *seta del rayu* o *Calocybe gambosa*, también conocida como *seta de primavera*; y, en la zona occidental del Principado, la más apreciada es la *Macrolepiota procera*.

Tradiciones relativas a la utilización de las setas

Es fácil imaginar que unos productos tan variados en su composición y con propiedades a veces muy espectaculares, fueran de uso común entre los curanderos y curanderas en nuestra tierra.

Muchos de esos usos los recoge el pueblo y, hoy en día, aunque no es muy amplio el espectro, son representativos de otros sin duda mucho más variados antiguamente. Por ello, es importante incluir en este capítulo un apartado acerca de la utilización que se ha venido haciendo de estos productos, desligándolos ya del mundo de la gastronomía.

Así, por ejemplo, es interesante el uso de la yesca y, en general, de los *Aphyllophorales*, como productos para encender el fuego. Es una tradición recogida en el puerto de La Mesa, aunque estamos seguros de que su utilización era mucho más generalizada antiguamente. Dice la nota del libro *El Camino Real del Puerto de La Mesa*:

«Los mayores de Vio del Pedrouco recuerdan que hace unos cincuenta años utilizaban la yesca para encender el fuego con eslabón y pedernal. Cocían el hongo llamado así, que es común en los troncos de las hayas y de otros árboles viejos. Después de secado al aire, lo esponjaban con una maceta de madera y lo *escarabicaban* (sonsacaban) con las uñas para que las fibras quedaran más finas y prendieran mejor con las chispas».

San Alberto Magno explica cómo deshacerse de las moscas de una manera infalible. La cutícula de la *Amanita muscaria* se introduce en un recipiente lleno de leche. Las moscas que beben este líquido empiezan a hincharse y mueren. Por lo tanto, el nombre *matamoscas* con que se conoce a esta seta viene de muy antiguo. Kleijn explica que en el sur de Holanda se sigue utilizando aún hoy la cutícula de tal seta dentro de un vaso de agua azucarada.

Uso que tiene que ver con las prácticas veterinarias es el que hacen los ganaderos asturianos con los *peos de raposu* (*Licoperdon, Calvatia* y *Escleroderma*).

En Santa María de Tiñana (Siero) nos explicaron que untando con el polvo de estas especies (la preferida es la *Calvatia utriformis*) ya maduras la vagina de la vaca después del parto, se facilitaba la «libra» de la placenta: «echar les libres». Incluso estas especies se guardan en la tenada pensando en la necesidad de su uso.

Calvatias y *Licoperdon*, también, según nos dijeron en Tiñana, se utilizaban, ya maduras, para la curación de eczemas, llagas, úlceras, etcétera. Parece ser que tienen fuertes propiedades desinfectantes, y por ello nos recomendaron su empleo en caso de heridas producidas en el campo, espolvoreando las esporas de estos *Gasterales* sobre las zonas afectadas.

En el occidente de Asturias, se emplearon setas en la tinción de telas, sobre todo con los polvos de *Calvatias, Esclerodermas* y *Licoperdon*, dando, por inmersión, un color más o menos amarronado.

Tradiciones relativas a la identificación de las setas venenosas

Los métodos tradicionales utilizados en Asturias para diferenciar las setas comestibles de las no comestibles, son prácticamente los mismos que se utilizan en el resto de la Península. En

Boletus satanas

algunos casos puede aparecer alguna variante que, lógicamente, es consecuencia de los diferentes hábitats naturales en que se desarrollan.

Así, por ejemplo, existe la creencia de que una seta que está siendo comida o tiene señales de haberlo sido en alguna de sus partes por un *llimaz* o *llimiagu* (babosa) es comestible para el ser humano. Error fatal, ya que dando un paseo por el bosque no es difícil encontrar a la mortal *Amanita phalloides* siendo ricamente degustada por uno de estos animales.

También es frecuente que llegue a nuestros oídos la teoría de que son muy venenosas las setas que cambian de color al cortarlas. Esto es falso por no poderse aplicar en todos los casos. Sí es cierto que el *Boletus satanas*, que vira al azul al cortarlo, es fuertemente tóxico, pero no es cierto, por ejemplo, en el caso del *Lactarius deliciosus* (níscalo o nízcalo), una de las setas más frecuentemente recogidas en la Península.

Teoría ampliamente extendida es la que dictamina si una seta es o no tóxica a base de cocerla conjuntamente con una cuchara o una moneda de plata. Dice la tradición que si la seta es buena no se ennegrece la plata, y que si la seta es mala se pone negra. Añadamos nosotros que esta creencia es una grave equivocación: el ennegrecimiento de la plata se debe a la producción de sulfuro de plata derivado de la reacción de determinadas sustancias que se pueden encontrar en setas bien comestibles, bien tóxicas, pero que se hallan en un estado ya deteriorado. En cambio, la plata puede quedar incólume después de haber sido cocida con, por ejemplo, una *Amanita phalloides* en buen estado.

Se ha venido, también, creyendo que las setas que crecen en los pastizales son aptas para el consumo, mientras que las nacidas en los bosques se consideran tóxicas. Craso error, ya que hay una extensa variedad de especies de prado tóxicas, al tiempo que nadie nos puede indicar que determinado prado no fue anteriormente bosque, pudiendo aparecer setas tóxicas de ámbito boscoso por la permanencia de tocones de árboles en el subsuelo que mantienen vivos los micelios.

Otra falsa manera de averiguar la toxicidad de las setas ha sido dárselas al perro, denotando con ello, ciertamente, poco aprecio por tan amable y fiel animal. Además, es realmente inútil, teniendo en cuenta que, por ejemplo, una de las setas más venenosas, la *Amanita phalloides*, puede iniciar sus efectos a partir de las 48 horas de su ingestión. Este tiempo de reacción tan largo no es el esperado por las gentes, con lo cual es fácil que la ingieran ante la aparente inocuidad en el perro.

En Fíos (Parres) nos explicaron que se pueden considerar buenas las setas blancas que, puestas al sereno durante una noche, no se vuelven amarillas. Esto, así generalizado, es erróneo, pero quizás podamos encontrar en ello una cierta lógica pensando que es la manera de diferenciar los champiñones comestibles del *Agaricus xanthoderma*, por ejemplo.

Las setas como alimento

Valor nutritivo de las setas

Ya desde la Antigüedad, las setas han sido consideradas como alimentos muy apreciados.

Su composición química, generalmente muy rica en agua –más del 85 %–, incluye todos los principios inmediatos, si bien con muy variadas diferencias según las especies y el momento de recolección. Como cifras medias de composición podríamos decir que, con un 89 % de agua, contienen el 3 % de proteínas, el 0,4 % de grasas, el 6 % de carbohidratos y el 1 % de sales minerales, así como diversas vitaminas lipo e hidrosolubles.

Las proteínas, de alto valor biológico, tienen abundancia de los aminoácidos esenciales lisina, histidina y arginina, los cuales influyen notablemente en su particular sabor, siendo, por el contrario, pobres en triptófano, metionina y valina.

Una especial característica de las setas es su alto contenido en ácido fosfórico, principio más frecuente en los productos de origen animal que en los vegetales, lo que ha llevado a muchos autores a opinar que las setas son un alimento con características bioquímicas intermedias entre ambos reinos.

Del análisis de estas cifras podríamos deducir que las setas no son de por sí un alimento de gran valor energético, es decir, son bajas en calorías; pero tiene interés su aporte proteico de alto valor biológico, enriquecido por el contenido en minerales y vitaminas.

El valor nutritivo de un alimento depende asimismo de su digestibilidad, conociéndose poco respecto a la de las setas, aunque tengan fama de indigestas. Lo cierto es que varía mucho, según la especie y el consumidor, habiendo personas que no toleran la ingestión de algunas especies y sí de otras de forma totalmente impredecible. Es un ejemplo típico el del consumo de *Lepista nebularis*, seta de gran interés culinario, que en algunas personas produce un cuadro gastroentérico violento por dificultad o imposibilidad en su digestión. Debido a su parecido y fácil confusión con el *Entoloma lividum*, seta productora de intoxicaciones gastrointestinales importantes, se podría, en un momento de ofuscación, confundir una indigestión sin mayores consecuencias con una intoxicación relativamente grave que exige cuidados médicos.

De cualquier modo, la razón básica por la cual las setas son un alimento tan apreciado y deseado por sus conocedores es por sus particulares caracteres organolépticos, especialmente olor, sabor, aromas y textura, que las hacen enormemente atractivas a los paladares más exigentes y explican la razón de que algunas especies concretas alcancen en el mercado precios superiores a los de cualquier otro alimento.

El cultivo de la setas

En la actualidad se cultiva un amplio número de especies de setas, estando, al menos en nuestra geografía, la producción industrial dominada por el champiñón o *Agaricus bisporus*, aunque se va asistiendo a un número progresivo de otras especies en el mercado, en particular del género *Pleorotus*. Sería, en principio, deseable para nuestra región el cultivo de especies de mayor calidad gastronómica. Hoy en día, bastantes setas de las consideradas excelentes podrían ser cultivadas industrialmente, como la *Agrocybe aegerita, Pholiota mutabulis* y *Thygrophorus sp.*, por lo que creemos que una orientación en este sentido debería servir de guía a la industria de las setas que progresivamente va reafirmándose en Asturias.

De cualquier modo, es nuestro deber preguntarnos hasta qué punto los cultivos de determinadas setas pueden interferir en el equilibrio del entorno natural y producir alteraciones incontroladas con destrucción de árboles por parasitación, al igual que ocurrió con algunas especies animales, y sirva de ejemplo, por todos conocido, el efecto catastrófico producido por la introducción del cangrejo de río americano en nuestros ríos. De hecho, en algunas zonas observamos que *Armillaria mellea* está acabando con árboles tanto frutales como forestales, así como en otras zonas la presencia de *Agrocybe aegerita* destruye álamos y chopos.

Otra práctica que se está realizando en algunos países es la reforestación con especies de árboles previamente micorrizados, en un intento de, gracias a esta simbiosis, mejorar la riqueza forestal y, al tiempo, aumentar la presencia de setas silvestres con fines de aprovechamiento posterior.

En otras geografías, tradicionalmente se cultivan ya desde la Antigüedad diversas especies, como la seta china de la paja (*Volvariella volvacea*) y, en Japón, el *shiitake (Lentinus edodes)*.

En las últimas décadas, se observa mundialmente un notable incremento de la producción de setas cultivadas, así como de su consumo, aumento que está directamente relacionado con un cambio de actitud por parte del consumidor hacia este tipo de alimentos, que van incluyéndose con mayor frecuencia en las dietas habituales en vez de considerarse exclusivamente alimentos de lujo en atención a sus características organolépticas más que a su valor nutritivo. Sin embargo, como hemos comentado, las setas ofrecen un valor nutritivo nada despreciable, más contando, en el caso concreto de las cultivadas, con el bajo coste de su producción. Actualmente, la tecnología moderna ofrece sistemas más sofisticados de cultivo que permiten producciones más elevadas en espacios más reducidos y sobre sustratos de deshecho industrial, lo que implica un abaratamiento en su producción y una mayor presión de ventas en el mercado que llevará a mayores consumos y, como ya apuntamos, al cultivo de especies de mayor calidad e interés culinario.

De cualquier modo, las setas cultivadas nunca alcanzan el interés de las especies silvestres, sobre todo para el aficionado, que une al deleite del consumo el disfrute de la recogida en plena naturaleza por bosques y praderas.

En nuestra región, zona en la que popularmente no ha existido una tradición en el consumo de setas, se va observando actualmente el despertar de un interés creciente en esta materia, hecho que se ve acompañado por el nacimiento de grupos micológicos y la celebración de exposiciones periódicas que asesoran e inician al interesado, y permiten poco a poco ir eliminando de sus mentes la tradicional micofobia tan profundamente arraigada en el Principado –las setas son popularmente *pan*

Cultivo de Pleurotus ostreatus

de sapu o *de culiebra*–, en oposición a otras zonas, como el País Vasco, Cataluña y gran parte de Castilla-León, donde la alta competencia en el momento de la recolección hace aún más interesante y apreciada su búsqueda y posterior consumo.

La conservación de la setas

Las setas, igual que muchos otros alimentos, son aptas para ser sometidas a diferentes manipulaciones industriales que no solamente permiten su consumo en cualquier época del año, alargándose de este modo la corta estación en que pueden ser recogidas las diferentes especies, sino también dar origen a nuevos productos alimenticios que en algunos países, especialmente en Oriente, llegan a ser base importante de su cultura culinaria.

El procesado industrial más frecuente es el enlatado o paretización, que cada día incluye mayor variedad de especies disponibles en nuestros mercados, incluidas algunas de las silvestres, en tanto que a nivel doméstico es más habitual la deshidratación, el encurtido y, más recientemente, la congelación, este último método con resultados algo variables. Conocemos la existencia de un mercado, tanto en lo que se refiere a consumo interno como a exportación a países centroeuropeos, de setas congeladas muy apreciadas, tales como *Amanita caesarea, Boletus edulis, Cantharellus cibarius* y *Calocybe gambosa*.

Teniendo en cuenta que la deshidratación y la congelación son los métodos más sencillos y mejores para la conservación de las setas en la cocina casera, entendemos que a la hora de elegir el método será determinante la propia consistencia de la seta. Nos decidiremos por la deshidratación en el caso de setas poco carnosas: *Cantharellus, Cratherellus, Marasmius, Macrolepiotas, Morchellas*... También podemos deshidratar *Boletus, Amanitas* y setas carnosas en general, pero precisaríamos de otros instrumentos, como un foco de calor (estufa) y ventilación que acorte el tiempo de desecación, evitando así la putrefacción. Nos decidiremos por la congelación en el caso de las setas más carnosas, pues los tejidos de las que son menos carnosas, se rompen al dilatarse el agua por efecto de la congelación y pierden consistencia, quedando excesivamente blancas. Las más carnosas *(Boletus, Amanitas, Lactarius, Tricholomas, Lepistas...)* podemos congelarlas crudas o precocinadas. Congelarlas crudas nos ahorra tiempo; solamente tendremos que limpiarlas. Congelarlas precocinadas nos dará más trabajo, pero ocuparán menos en el congelador y se conservarán mejor, ya que al estar los poros más cerrados las influencias indeseables de aromas y sabores serán menores.

Para la congelación usaremos bolsas de cierre hermético; cuanto menos aire quede en el interior, mejor.

Aunque algo fuera de nuestro tema, no podemos dejar de recordar que los hongos han sido tradicionalmente utilizados en los más diversos tipos de cultura para la fabricación o, más bien, transformación de productos alimentarios. De todos es conocido el papel especial que tienen determinadas especies en la maduración de quesos fermentados como el roquefort, camembert o nuestros nunca suficientemente ponderados cabrales, gamonéu, la Peral, etcétera. En el área oriental, a su vez, se viene utilizando la soja y otros sustratos como el arroz, trigo, cacahuete, copra, pescado, etcétera, como base para el procesado por fermentación fúngica de diversos alimentos, de los que son ejemplos más conocidos, entre otros muchos, el *miso*, el *shoyu* o salsa roja y el *tempeh*.

Consumo y toxicidad de las setas

Igual que el resto de los alimentos, las setas deben cumplir una serie de requisitos higiénicosanitarios para poder ser ingeridas sin peligro para el consumidor. En nuestro país existe una legislación que contempla los aspectos fundamentales de la inspección bromatológica para el consumo y comercialización de las setas, tanto cultivadas como silvestres.

Diferentes bacterias, virus y hongos, así como larvas de nematodos y de insectos, pueden producir diversas alteraciones que hagan a las setas inadecuadas para el consumo, bien sea por su capacidad para transmitir enfermedades y producir intoxicaciones, bien por volverlas repugnantes e indeseables.

Las setas, en razón de su composición química, entran en putrefacción rápida y fácilmente, hecho más en consonancia con los alimentos de origen animal que con los vegetales, produciéndose en estas circunstancias olores de corrupción muy característicos.

Pero quizás la característica más importante de las setas en lo que se refiere a su consumo sea la capacidad que tienen algunas de sus especies de producir sustancias altamente tóxicas, algunas capaces de producir la muer-

Amanita caesarea

te del consumidor. Por esta razón se ha intentado buscar métodos o reglas que puedan servir para diferenciar de modo fácil y directo aquellas especies potencialmente tóxicas de las comestibles. El número de estas «reglas caseras» o «consejos populares» es incontable, pero hay que dejar bien claro que ninguna de ellas es válida. Comer una seta sin conocerla, o «parecida» a la que se conoce, es arriesgar la vida o, cuando menos, la salud. El único criterio válido para el consumo sin riesgo lo proporciona el exacto conocimiento de las características botánicas de cada una de las especies que recolectemos, eliminando cualquiera que nos presente la más mínima duda.

Es una regla muy aconsejable el consumir en un principio únicamente aquellas pocas especies bien conocidas por nosotros y fácilmente distinguibles de otras tóxicas, y, poco a poco, ir incrementando su número basándonos en el apoyo y experiencia de otros aficionados con conocimientos fiables o de miembros de algún grupo micológico de confianza, que siempre estará dispuesto a asesorarnos.

A pesar de lo expuesto, todos los años tenemos noticias de la intoxicación y muerte de personas por el consumo de setas, siendo las causas más frecuentes, por una parte, la ignorancia atrevida en recolectores novatos y, por otra, la imprudencia en los más avezados que ya creen saberlas todas.

Recordemos que no sólo las especies propiamente venenosas pueden producir intoxicaciones. También especies habitualmente comestibles pueden producir trastornos por diversas causas, como cogerlas viejas, haber transcurrido demasiado tiempo desde su recolección o condiciones de consumo inadecuadas.

Algunas de las toxinas que contienen las setas son *termolábiles*, es decir, que pueden ser destruidas por el calor o la desecación, con lo que muchas setas que crudas serían tóxicas, al ser cocinadas un tiempo suficiente se hacen comestibles; pero otras toxinas, las más importantes, son *termoestables*, permaneciendo activas a pesar de los tratamientos térmicos culinarios.

Estas sustancias tóxicas no son exclusivas de una sola especie, sino que pueden estar presentes en varias de ellas, del mismo modo que una sola especie de seta puede contener varias sustancias tóxicas.

Según el tiempo de aparición de los signos clínicos, las intoxicaciones pueden ser de aparición tardía o de aparición rápida. Es en el primer grupo, en el que las intoxicaciones, retardadas, aparecen pasado un tiempo desde la ingestión, donde se localizan las setas que producen los envenenamientos más peligrosos, generalmente mortales. Este grupo, a su vez, puede dividirse, en razón del tóxico que actúa, en tres síndromes:

Síndrome faloidiano

Producido por el consumo de *Amanita phalloides, Amanita verna* y *Amanita virosa*. Dentro del complejo de sustancias tóxicas presentes en estas setas destacan como fundamentales las amatoxinas, toxinas termoestables que están presentes en elevada proporción. Así, la *Amanita phalloides* puede contener de 0,2 a 0,4 mg/g, siendo la dosis letal inferior a 0,1 mg/kg, por lo que bastarían 50 g de esta seta para producir la muerte.

Esquemáticamente, el cuadro clínico comienza con signos gastroentéricos, generalmente entre las 6 y las 12 horas después de la ingesta, siguiendo a continuación una etapa de mejoría que pronto se convierte en una recaída con claros signos de enfermedad hepática, al fijarse la toxina en las células de este órgano, produciendo su destrucción, aunque también se fija en otros órganos como los riñones y el sistema nervioso central, con los consiguientes síntomas.

El tratamiento, que al igual que el de todas las otras intoxicaciones es básicamente hospitalario y de gran urgencia, y que en ningún caso vamos a comentar al ser de exclusiva competencia médica, debe comenzarse, a ser posible, antes de transcurridas 48 horas desde la ingestión, a fin de evitar al máximo la fijación en los tejidos, etapa ya de muy difícil solución.

Lepiota helveola y otras lepiotas de pequeño tamaño, son también muy ricas en amanitinas, produciéndose por su ingesta un síndrome muy similar al faloidiano.

Síndrome orellánico

Producido por el consumo de setas como *Cortinarius orellanus, Cortinarius speciosissimus* y otras especies próximas. Tiene un período de incubación generalmente muy largo, entre 2 y 17 días, causando un cuadro renal de extrema gravedad, entre otros procesos.

Síndrome giromítrico

Producido por el consumo de *Gyromitra esculenta* y otras especies del género. Su toxina, la giromitrina, puede ser destruida por desecación debido a su carácter volátil. La aparición de los síntomas es muy retardada y el cuadro

Amanita phalloides

es gastroentérico y hepatorrenal, así como con trastornos de hemólisis.

Respecto a las intoxicaciones que se caracterizan porque los signos clínicos aparecen al poco de ser ingeridas las setas causantes, dándose incluso el caso de que las molestias se presenten durante el desarrollo de la comida, el período de incubación puede variar entre 15 minutos y 3 horas.

El tratamiento de las intoxicaciones de este grupo es mucho más efectivo, quedándose en su mayoría en trastornos gastrointestinales, ya que al vomitar se eliminan los productos que, de ser absorbidos, podrían causar trastornos más importantes. Los otros signos característicos del grupo son los neurológicos, que por lo general son fácilmente reversibles. Estas intoxicaciones pueden ser clasificadas en los siguientes síndromes:

Síndrome muscariano, colinérgico o sudoroso

Producido por el consumo de diversas especies de setas de los géneros *Clitocybe* e *Inocybe*. La sintomatología básica es digestiva, observándose también hipersecreción glandular generalizada, trastornos cardiovasculares y cuadros neurológicos.

Síndrome micoatropínico

Producido fundamentalmente por el consumo de *Amanita pantherina* y *Amanita muscaria*. Los síntomas son también gastroentéricos y neurológicos. La presentación de este síndrome es muy variable en función de las diferentes regiones donde se recogen las setas, la concentración del tóxico en las mismas y la resistencia personal del consumidor, así como de la forma de preparación. En determinadas zonas como Siberia, Francia e Italia consumen *Amanita muscaria* tratándola de tal modo que conserva sus propiedades neurotropas y embriagantes, y no las tóxicas.

Síndrome gastrointestinal puro

Producido por el consumo de setas de una amplia variedad de especies de los géneros *Entoloma, Clitocybe, Boletus, Russula, Lactarius, Tricholoma, Paxillus*, etcétera, así como por otras setas habitualmente comestibles pero que, o bien estaban en mal estado, llegando a producir aminas de la putrefacción, al igual que cualquier otro alimento, o bien habían sido poco tiempo o mal cocinadas.

La sintomatología es básicamente gastrointestinal de mayor o menor intensidad, desapareciendo en cuanto las toxinas son eliminadas, generalmente sin mayores consecuencias.

No hay que olvidar, como ya se comentó, que al igual que con otros alimentos, y en este caso con mayor frecuencia sobre todo por razones de rechazo psicológico, pueden darse intolerancias individuales por el consumo de setas perfectamente comestibles y preparadas, no debiendo confundirse con una intoxicación real.

Síndrome hemolítico o helvelliano

Producido por el consumo en crudo de setas que contienen sustancias hemolíticas como el ácido helvellico, las cuales son destruidas por el calor normal de la cocción. Contienen estos principios setas como la *Amanita vaginata, Amanita crocea* y *Amanita rubescens*, así como setas de los géneros *Morchella, Helvella, Peziza y Sarcosphaera*. Los síntomas son gastroentéricos y hemolíticos, careciendo generalmente de gravedad.

Hay otro síndrome muy característico que es el producido por el consumo de setas del género *Coprinus atramentarius* juntamente con alcohol. Se origina un eretismo cardiovascular con rubefacción facial, pudiendo llegar a repetirse hasta una semana después de consumidas las setas si se ingiere de nuevo alguna bebida alcohólica.

Existen algunos casos particulares de intoxicación localizados en nuestra región por el consumo de ejemplares jóvenes del género *Morchella* que, aunque perfectamente cocinados, producen cuadros desde gastroentéricos puros hasta neurológicos, con duración superior a las 48 horas.

Otro proceso tóxico puede producirse por el consumo de ejemplares viejos de *Agaricus campestris* cuyas láminas estén negras, igual que puede ocurrir con bandejas de champiñón cultivado que, por haber permanecido excesivo tiempo en el comercio, sufren este proceso de maduración.

Hay también setas que, aun no siendo tóxicas ni producir trastornos, no son comestibles a causa de su mal sabor u olor, y que hay que aprender a diferenciar, ya que nos pueden estropear una comida. Es un caso típico el de la confusión de la *Agaricus xanthoderma*, que es fácilmente recogida con otros *Agaricus* y desprende un olor a ácido fénico realmente repulsivo.

Las intoxicaciones también pueden ser de tipo mixto, es decir, por el consumo

Amanita pantherina

Coprinus atramentarius

de varias especies tóxicas a un tiempo, que tanto pueden sumar sus efectos tóxicos como ocurrir, por el vómito si una de ellas produce efectos gastroentéricos rápidos, la eliminación de las otras más peligrosas, evitando así el riesgo de intoxicación grave.

Los hongos tienen una enorme capacidad discriminativa de asimilar metales pesados a partir del ambiente y del substrato en el que se desarrollan, acumulándolos en sus tejidos. La presencia de estos metales, en especial plomo, cadmio y mercurio, podría dar origen a graves intoxicaciones, aunque hasta el momento no hayan sido descritas. Por eso se recomienda no recoger jamás setas en zonas próximas a las vías públicas de circulación rodada, así como tampoco las que se encuentren en parques públicos artificiales en los que el material de relleno podría contenerlos en elevadas proporciones al proceder de escorias y otros residuos industriales.

Panaeolus campanulatus

Nos queda por comentar un grupo de setas que poseen sustancias capaces de producir profundas alteraciones psíquicas, las llamadas setas *alucinógenas*. Se sabe de diversas culturas, como la mexicana y siberiana entre otras, que han utilizado ciertos hongos con tales propiedades para sus rituales religiosos. Las especies más conocidas y estudiadas son las centroamericanas del género *Psilocybe*, pero existen muchas otras entre las que se cuentan algunas especies europeas del género *Panaeolus* existentes en nuestra región.

Por último, debemos decir que todas las setas son de difícil digestión; nuestro aparato digestivo no está debidamente capacitado para este tipo de alimento. Una ingesta exagerada puede ser peligrosa; así, se han descrito últimamente algunas intoxicaciones mortales causadas por el *Tricholoma equestre*, seta que, en cantidades normales, no resulta tóxica.

Como resumen de lo expuesto, podríamos decir que simplemente con no saltarse unas reglas básicas y sencillas podemos eliminar los terribles riesgos de una intoxicación por consumo de setas, permitiéndonos, por el contrario, disfrutar de uno de los alimentos más sorprendentes y deliciosos que la naturaleza ha puesto a nuestro alcance.

Recetas

Recetas

Ensalada de boletos y fistulina

Ingredientes:

- *300 g de Fistulina hepatica*
- *200 g de Boletus edulis*
- *Media lechuga pequeña*
- *Un tomate*
- *Media zanahoria*
- *Dos cucharadas de vinagre de jerez o de sidra*
- *Una cucharada de aceite de oliva*
- *Medio limón*
- *Una yema de huevo*
- *Un poco de mostaza*
- *Sal.*

Para las ensaladas, es conveniente que las setas sean jóvenes; para ésta, se cortan en láminas delgadas, se les echa el zumo de medio limón y se reservan. Se cortan la lechuga y la zanahoria en tiras, y el tomate en pequeños dados.

Se hace una salsa con el aceite, la yema, el jugo del limón, la mostaza, el vinagre y la sal; unidos los vegetales y las setas, se aliñan con ella.

Ensalada de setas Rey Pelayo

Ingredientes:

- *500 g de setas*
- *Una manzana reineta mediana*
- *Media lechuga*
- *Media zanahoria*
- *Dos cucharadas de caviar de oricios*
- *Tres cucharadas de vinagre de sidra*
- *Una cucharada de aceite de oliva*
- *Una yema de huevo*
- *Media cucharada de mostaza*
- *Medio limón*
- *Sal.*

Se cortan las setas en lonchas finas, se añade el zumo de limón y se reservan. Cortada la manzana en pequeños dados, y, en tiras, la lechuga y la zanahoria, se mezclan con las setas, previamente escurridas. Se hace entonces una salsa con el zumo utilizado más el aceite, el vinagre, la yema, sal y mostaza; se aliña con ella la ensalada y se esparce por encima del caviar de oricios.

Pastel de setas con gambas

Ingredientes:

- *500 g de setas variadas*
- *250 g de gambas*
- *Tres huevos*
- *Una taza de nata líquida*
- *Una cucharada de ketchup*
- *Media cucharada de leche*
- *Media cucharada de mostaza*
- *Pimienta blanca, perejil y sal.*

Se reserva una de las claras, se bate el resto de los huevos y se mezclan con la nata, la mostaza, el *ketchup*, la pimienta y la maicena (disuelta antes en leche). Una vez troceadas, saladas y deshidratadas, se mezclan las setas con el vino, el perejil picado y las gambas, añadiendo esta mezcla, junto con la clara a punto de nieve, a la mezcla anterior. Se vierte sobre un molde y se mete al horno, en donde se mantiene durante media hora al baño maría.

Níscalos

Paté de rúsulas y níscalos

Ingredientes:
- *350 g de rúsulas y níscalos*
- *Tres cucharadas de mantequilla*
- *Tres huevos*
- *Una cebolla pequeña*
- *Un chorro de jerez*
- *Sal y pimienta.*

Pasando por la batidora las setas, la cebolla, la mantequilla y el vino, se obtiene una pasta que, salpimentada, se pone unos diez minutos al baño maría. Usando otra vez la batidora, se mezclan los huevos con la pasta y se mete al horno durante quince minutos. Este paté se sirve templado.

Salteado de rebozuelos

Ingredientes:
- *500 g de Cantharellus cibarius*
- *Una taza de caldo de ave*
- *Media taza de nata*
- *Dos cucharadas de mantequilla*
- *Dos cucharadas de jerez*
- *Sal y pimienta.*

Salados, deshidratados y enteros, se pasan por la sartén con la mantequilla y la nata. Cuando estén bien engrasados y comiencen a freír, se agrega el vino y el caldo, cociéndolos hasta que la salsa espese. Se añade entonces un poco de pimienta.

Fritos de coprinos

Ingredientes:
- *Dos docenas de Coprinus comatus pequeños*
- *Una taza de harina*
- *Una taza de aceite*
- *Dos huevos*
- *Sal.*

Se les quita el pie, se salan, se rebozan en harina y huevo y se fríen en aceite muy caliente.

Arroz con setas

Ingredientes:
- *400 g de setas: Agaricus campester, Boletus edulis, Marasmius oreades, Clitopulus prunulus...*
- *Cuatro sombreros grandes de níscalo*
- *Tres tazas de arroz*
- *Media taza de guisantes cocidos*
- *Cuatro espárragos*
- *Medio pimiento verde*
- *Cuatro dientes de ajo*
- *Media taza de aceite de oliva*
- *Un limón*
- *Ocho tazas de caldo vegetal*
- *Sal.*

Se hace primero un caldo con ocho tazas de agua, media cebolla, un puerro grande, dos zanahorias, dos sobres de azafrán, perejil y sal.

En una paella con aceite se doran los ajos, cortados en lonchas, y el pimiento, en tiras, añadiendo después las setas troceadas y saladas.

Cuando las setas evaporen casi toda su agua, se echan seis tazas de caldo y, cuando el caldo rompa a hervir, se agregan los guisantes, el arroz y el jugo de limón, manteniéndolo a fuego vivo. Mientras, se preparan a la plancha los

Seta de chopo

sombreros de níscalo, que se colocan, con los espárragos, sobre el arroz. Cuando éste consuma casi toda el agua, se tapa la paella con un paño húmedo, poniendo el fuego al mínimo durante diez minutos. Pasado este tiempo, se retira y, destapada, se deja en reposo otros diez minutos más.

Crema de champiñones

Ingredientes:

- *Una docena de Agaricus campester*
- *Media docena de Agaricus arvensis*
- *Tres tazas de leche*
- *Tres cucharadas de harina*
- *Dos cucharadas de aceite*
- *Una cucharada de mantequilla*
- *Media cucharada de pasta de anchoas*
- *Un sobre de queso parmesano*
- *Tres dientes de ajo*
- *Sal y perejil.*

Se trocean, salan y deshidratan los *Agaricus campester* y los pies de los *Agaricus arvensis*, pasándolos luego por la batidora para obtener una pasta. Con mantequilla, harina y leche, se hace una besamel, añadiendo después la pasta de los *Agaricus* y la de anchoas. Se sirve esta crema sobre los sombreros de los *Agaricus arvensis*, previamente deshidratados.

Volován de colmenillas

Ingredientes:

- *Dos docenas de colmenillas*
- *Cuatro volovanes*
- *Media taza de nata*
- *Media taza de jerez*
- *Una cucharada de mantequilla*
- *Sal.*

Se cuecen las morcellas enteras diez minutos y se tira después el agua. Saladas y troceadas, se fríen en mantequilla hasta que evaporen su agua; se echa entonces el vino y, cuando éste se consuma, se añade la nata, manteniéndolo hasta que dore. Se llenan los volovanes y se meten al horno durante unos minutos.

Setas al ajillo

Ingredientes:

- *500 g de setas: senderuelas, boletos, champiñones, setas de chopo...*
- *Tres cucharadas de aceite de oliva*
- *Media cabeza de ajo*
- *Medio limón*
- *Una guindilla de Cayena*
- *Sal y perejil.*

Troceadas, saladas y deshidratadas las setas, se calienta el aceite, dorando en él el ajo finamente picado. Ya dorado, se añaden las setas, el perejil, la guindilla y el jugo de limón, friéndolo todo durante unos minutos.

Boletus edulis

Espaguetis con setas al ajillo

Ingredientes:

- *300 g de setas: Senderuelas, boletos, champiñones, setas de chopo...*
- *400 g de espaguetis*
- *Tres cucharadas de aceite de oliva*
- *Tres dientes de ajo*
- *Media guindilla de Cayena*
- *Sal, perejil y unas gotas de limón.*

Se preparan las setas como en la receta anterior. Se cuecen los espaguetis. Se entremezclan.

Espaguetis con boletos

Ingredientes:

- *400 g de espaguetis*
- *250 g de Boletus edulis*
- *Media taza de nata*
- *Una cucharada de mantequilla*
- *Un chorro de jerez*
- *Cuatro huevos*
- *Sal y pimienta.*

Troceados y salados, se deshidratan los boletos en una sartén. Una vez deshidratados, se les echa el vino; cuando el vino se evapore, se añade la nata y, cuando la nata dore, la pimienta. Cocidos los espaguetis, se les pone mantequilla y se meten al horno.

Cuando estén muy calientes, se sacan, añadiendo los huevos, batidos, y las setas.

Sopa de seta de chopo

Ingredientes:

- *300 g de setas de chopo*
- *Litro y medio de caldo vegetal*
- *Dos cucharadas de mantequilla*
- *Sal.*

Se cortan las setas en tiras no muy finas y, a fuego lento, se fríen con mantequilla unos diez minutos. Agregadas al caldo, se cuecen durante cinco minutos y se comprueba el punto de sal.

Fabes con níscalos

Ingredientes:

- *250 g de níscalos*
- *500 g de fabes de la granja*
- *Un pimiento verde*
- *Un tomate*
- *Una zanahoria*
- *Un puerro o una cebolla*
- *Dos dientes de ajo*
- *Cuatro cucharadas de aceite de oliva*
- *Una cucharada de mantequilla*
- *Un chorro de jerez*
- *Una hoja de laurel*
- *Perejil, pimienta y sal.*

Se ponen con el aceite los vegetales, les fabes y el agua del remojo; se cuecen y se reservan. Se dora luego el ajo en mantequilla, se echa un poco de perejil picado y se añaden los níscalos, antes troceados. Se sofríen como cinco minutos, agregando después el vino y la pimienta. Se cuecen con les fabes durante quince minutos.

Boletos a la sidra en salsa roja

Ingredientes:

- *500 g de boletos*
- *150 g de pimientos choriceros*
- *Un tomate*
- *Una cebolla pequeña*
- *Una taza de sidra*
- *Media taza de aceite*
- *Media cucharada de pimentón dulce*
- *Media cucharada de maicena*
- *Sal.*

Pelados y cortados, se ponen a remojo los pimientos durante cuatro o cinco horas. Hecho esto, se guisan en aceite la cebolla, el tomate, los pimientos, el pimentón y la maicena, disuelta ésta antes en sidra. Con este guiso se hace un puré al que se añaden las setas troceadas, saladas y deshidratadas. Se cuece todo durante diez minutos.

Setas con tomate

Ingredientes:

- *600 g de setas variadas*
- *600 g de tomate*
- *Media taza de aceite de oliva*
- *Un diente de ajo*
- *Un chorro de vino blanco*
- *Sal.*

Se hace antes una salsa de tomate. Troceadas, se fríen después las setas en aceite y ajo. Cuando queden sin agua, se salan, se añade el vino y la salsa y se guisan durante diez o doce minutos hasta que estén tiernas. Se vierten entonces sobre una fuente y se esparce por encima perejil picado. Se adorna con cuadrados de pan de molde frito.

Clytopilus prunulus

Colmenillas rellenas

Ingredientes:

- *Una docena de colmenillas grandes*
- *150 g de salchichas blancas*
- *150 g de foie gras*
- *Una taza de vino blanco de Jerez*
- *Una taza de caldo de ave*
- *Media taza de nata*
- *Una cucharada de mantequilla*
- *Dos puerros*
- *Una cebolla*
- *Sal y pimienta.*

Se cuecen las colmenillas enteras durante diez minutos y se tira después el agua. Se mezcla el contenido de las salchichas con el foie gras, rellenando las setas con esta pasta. En mantequilla y nata, se doran los puerros y la cebolla, añadiendo luego el vino, el caldo, la sal y la pimienta. Se guisan las colmenillas sobre esta base.

Setas con almejas

Ingredientes:

- *300 g de Boletus edulis*
- *200 g de Clitopilus prunulus*
- *500 g de almejas*
- *Media cebolla*
- *Dos dientes de ajo*
- *Un vaso de jerez*
- *Aceite, perejil y sal.*

Se limpian, se trocean, se salan y se rehogan las setas. Se reservan. Se dora el ajo y se tira. En el mismo aceite, se dora la cebolla, añadiendo luego el vino, el perejil y las almejas. Cuando las almejas empiecen a abrir, se añaden las setas.

Pimientos rellenos de higroforos

Ingredientes:

- *Una docena de pimientos del piquillo en conserva*
- *500 g de Camarophillus pratensis*
- *100 g de gambas*
- *Una taza de aceite*
- *Una taza de vino blanco de Jerez*
- *Una taza de harina*
- *Dos cucharadas de leche*
- *Cuatro huevos*
- *Una cebolla*
- *Sal.*

Se hace un revuelto con los *pratensis* troceados, salados y deshidratados, las gambas peladas, dos huevos batidos y leche. Con este revuelto se rellenan los pimientos, que, cerrados con un palillo, se rebozan en harina y huevo, friéndolos después hasta que dore el rebozo. Picada la cebolla y pasada por la sartén, se agrega el vino; en este caldo se guisan los pimientos.

Pleurotus fritos

Ingredientes:

- *500 g de Pleurotus ostreatus*
- *Dos huevos*
- *Pan rallado*
- *Una taza de aceite*
- *Un diente de ajo*
- *Pimienta molida, perejil y sal.*

Se lavan, se colocan entre dos paños y se prensan suavemente para extraerles la humedad. Hecho esto, se sazonan con ajo, perejil, sal y pimienta; se rebozan en huevo y pan, y se fríen.

Lepiotas rebozadas con besamel al cabrales

Ingredientes:

- *Ocho sombreros medianos*
- *Una taza de besamel espesa*
- *Dos cucharadas de cabrales*
- *Dos huevos*
- *Pan rallado*
- *Una taza de aceite*
- *Sal.*

Salados y deshidratados los sombreros, se hace una pasta diluyendo el queso en la besamel. Vertida sobre los sombreros, se disponen éstos uno contra otro (a modo de bocadillos), se rebozan en huevo y pan y se fríen.

Cachopos de lepiota

Ingredientes:

- *Cuatro lepiotas grandes*
- *Cuatro virutas de jamón*
- *Un trozo de cabrales*
- *Una taza de aceite de oliva*
- *Dos huevos*
- *Pan rallado y sal.*

Se lavan los sombreros con bastante agua, se salan y se parten por la mitad. Envuelto en un paño de cocina, se presiona cada trozo para extraerle el agua y dejarlo, a la vez, bien aplastado. Se hacen luego bocadillos con cada dos trozos, poniendo en medio unas virutas de jamón y unas migas de queso. Se aprietan nuevamente, se rebozan en huevo y pan y se doran.

Lepiotas

Hamburguesas

Ingredientes:

- *500 g de setas*
- *200 g de carne picada*
- *Dos huevos*
- *Media cebolla pequeña*
- *Una taza de aceite*
- *Ajo, perejil, sal y especias.*

Troceadas y deshidratadas, se amasan las setas con la carne, los huevos, el ajo, el perejil, la sal, las especias y la cebolla, ésta finamente picada. Se les da forma, se fríen en aceite y se sirven con salsa de tomate. Si se prefiere, puede dárseles forma de albóndiga y prepararlas según costumbre.

Revuelto de setas y angulas

Ingredientes:

- *300 g de setas*
- *100 g de angulas*
- *Dos huevos*
- *Dos cucharadas de aceite de oliva*
- *Medio diente de ajo*
- *Sal.*

Se baten los huevos, se salan y se mezclan con las angulas, agregando las setas una vez deshidratadas. Se dora el ajo, se añade la mezcla anterior y se cuece a fuego lento, revolviéndolo hasta que esté en su punto.

Tortilla dulce de champiñones

Ingredientes:
- *500 g de Agaricus arvensis*
- *Cinco huevos*
- *Cuatro cucharadas de azúcar*
- *Tres cucharadas de mantequilla*
- *Media vaina de vainilla*
- *Media cucharada de canela en polvo.*

Troceados y deshidratados los champiñones, se cocinan lentamente con azúcar y vainilla hasta que el líquido se consuma. Retirada entonces la vainilla, se baten los huevos, con los que se mezclan, luego, las setas y la canela. Con esta mezcla se hace la tortilla.

Molineras con nata

Ingredientes:
- *500 g de Clitopilus prunulus*
- *150 g de jamón de York*
- *Un cuarto de litro de nata*
- *Un chorro de jerez*
- *Sal.*

Troceados, salados y deshidratados, se les añade la nata, el vino y el jamón, cortado antes en dados. Se vierten sobre una fuente y se gratinan.

Coprinos en salsa de nueces

Ingredientes:
- *400 g de Coprinus comatus*
- *Seis nueces*
- *Media taza de nata*
- *Dos cucharadas de mantequilla*
- *Un chorro de jerez*
- *Sal.*

Ya troceadas, se deshidratan las setas en mantequilla, se agrega el vino y se salan. Machacadas las nueces en un mortero, se añade la nata; se mezcla esta crema con los coprinos y se cuece lentamente durante unos minutos.

Coprinos en salsa verde

Ingredientes:
- *500 g de Coprinus comatus*
- *Medio diente de ajo*
- *Una cucharada de maicena*
- *Cuatro cucharadas de aceite*
- *Una taza de jerez*
- *Media cucharada de perejil*
- *Sal.*

Se corta el ajo en lonchas, se fríe en el aceite y, cuando dore, se tira. Sobre el mismo aceite, se echa maicena y perejil, se revuelve bien y se añaden las setas. Tapadas, se cocinan a fuego lento hasta que la salsa esté en su punto. A medio hacer, se agregan la sal y el vino.

Agaricus arvensis

Lepiotas asadas al horno

Ingredientes:

- *Ocho sombreros de lepiota a medio abrir*
- *Cuatro lonchas de panceta*
- *Tres cucharadas de margarina vegetal*
- *Un chorro de jerez*
- *Sal.*

En una fuente engrasada con margarina vegetal, se colocan los sombreros con las láminas hacia arriba. Se salan y, sobre cada uno, se pone un poco de margarina y media loncha de panceta. Se asan así en el horno durante veinte minutos, regándolos, a medio hacer, con el vino.

Guiso de níscalos

Indredientes:

- *400 g de níscalos deshidratados*
- *Ocho patatas medianas*
- *Una cebolla grande*
- *Tres dientes de ajo*
- *Dos guindillas de cayena*
- *Una taza de vino blanco*
- *Media taza de aceite*
- *Sal.*

En una olla, freímos los dientes de ajo finamente picados. Una cez tostados, añadimos la cebolla hasta dorar. Sobre esta base, sofreímos un poco las patatas y los níscalos troceados, añadimos el vino y la guindilla, mantenemos un fuego medio y echamos , poco a poco, agua según el guiso nos lo va pidiendo. Estará terminado cuando las patatas estén cocidas

Risotto de boletos

Ingredientes:

- *200 g de Boletus edulis deshidratados*
- *200 g de Boletus badius deshidratados*
- *2 himelos de Boletus edulis grandes*
- *500 g de arroz arroz arborio*
- *100 g de jamón serrano*
- *Una cebolla grande*
- *100 g de queso parmesano rayado*
- *Media taza de vino albariño*
- *Media taza de aceite de oliva*
- *Sal.*

Se hace primero un caldo hirviendo en medio litro de agua dos himenios de boletos, un trozo de 100 g de jamón y sal durante media hora, Colado el caldo, ponemos a freir en una olla la cebolla picada; una vez dorada, sofreímos levemente el arroz y añadimos el vino. Manteniendo un fuego de intensidad media, seguimos echando caldo, poco a poco y sin parar de revolver. Pasados diez minutos añadimos los boletos y el jamón, ya picado, que hemos usado porar el caldo. Al final cuando el arroz esté cocido añadimos el queso sin haber parado de revolver durante todo el proceso.

Pleurotus ostreatus

Pleurotus confitados y bañados en chocolate

- *Ingredientes:*
- *500 g de Pleurotus ostreatus*
- *500 g de azúcar*
- *Medio litro de agua*
- *Media vaina de vainilla*
- *Medio limón*
- *Chocolate.*

Se hace un almíbar, mezclando el agua con el azúcar. Al primer hervor, se añaden las setas, la vainilla, el jugo de limón y la corteza. Cuando vuelva a hervir, se tapa y se cuece lentamente durante media hora. Hecha esta primera parte de la receta, se dejan a remojo las setas en el jarabe durante 48 horas, pasadas las cuales se recuden y, sobre una mesa de mármol (si la hubiese), se cubren con chocolate (30°) por una cara y, cuando enfríen, por la otra.

Mermelada de setas con chocolate

Ingredientes:

- *500 g de setas*
- *500 g de azúcar*
- *Medio litro de agua*
- *Media vaina de vainilla*
- *Medio limón*
- *50 g de chocolate amargo.*

Cumplidos todos los pasos de la primera parte de la receta anterior, se retira la corteza de limón y la vainilla, se añade el chocolate (antes picado) y se mantiene la cocción hasta que éste se deshaga. Una vez integrado, se pasa por la batidora.

Biología

Los hongos. Reproducción y nutrición

¿Qué es un hongo? ¿Qué es una seta? ¿En qué se diferencia un hongo de una seta?

Estas preguntas son las que todo el mundo se hace, bien cuando se inicia en el mundo de las setas, bien, incluso, por pura curiosidad y como cuestión únicamente lingüística. Todos hemos visto, cogido o pisado –con miedo o repugnancia– algún tipo de seta; pues bien, eso que hemos visto, cogido o pisado, no es otra cosa que el «cuerpo fructífero» de un hongo.

Del mismo modo que una manzana es el fruto de un árbol, una seta es el fruto de un hongo. Dichos frutos, manzana y seta, no son ni siquiera parecidos, pero su función en ambos casos es la misma. Aclaremos, por tanto, que los hongos no son plantas en forma de sombrero de hongo ni las setas plantas en forma de sombrilla china (ideas, por otra parte, muy arraigadas popularmente). Sus características morfológicas no tienen nada que ver.

El problema, realmente, se nos plantea cuando tratamos de incluir los hongos dentro de uno de los grandes reinos naturales. Perteneciendo como pertenecen al reino vegetal, la nutrición de los hongos se parece más a la de los animales, y su composición química es también semejante a la del reino animal.

«Es que estas setas saben a carne –nos dicen–. Estos filetes, más que de setas, parecen de ternera.»

Estos comentarios y otros del mismo tipo son frecuentes cuando invitamos a algún amigo a comer setas. Nada más cierto que dichos comentarios. En este caso, el sentido del gusto es capaz de desentrañar la composición química del alimento que se está degustando. Así pues, y a pesar de las características que los aproximan al reino animal (nutrición y composición química), los hongos son vegetales que pertenecen al antiguo grupo de las criptógamas, al igual que los helechos, musgos y algas.

La seta, como cuerpo fructífero del hongo, es también su órgano reproductor: es la parte del hongo que produce las semillas, en este caso esporas (pequeñas células entre las 3 y 15 micras de tamaño), que sobre un terreno adecuado pueden dar vida a nuevos individuos. La espora, que se produce por millones en cada cuerpo fructífero, una vez germinada da lugar a un filamento monocelular que recibe el nombre de *hifa*. Este filamento crece y se ramifica, se enlaza con otros filamentos y da lugar al micelio (vulgarmente llamado *blanco del hongo*). Este micelio (conjunto de hifas), de sexo determinado, se enlazará a su vez con otro micelio de sexo opuesto, ocasionando con ello la formación de una planta independiente, de un nuevo hongo.

Estos nuevos organismos fúngicos tienen distintas formas de nutrición; en todos los casos se alimentan de sustancia orgánica, nunca de sustancias minerales como es el caso de las demás plantas. Si la sustancia orgánica que sirve de alimento es viva, diremos que es un hongo *parásito*; si por el contrario es muerta, diremos que es *saprofito*. Pero los hongos presentan una tercera e interesante manera de nutrición simbiótica: la *micorriza*. Las hifas del micelio del hongo se agrupan en torno a las raíces de las plantas forestales para lograr esas sustancias orgánicas necesarias para su nutrición, sin producir por ello daño alguno a las plantas, sino que, por el contrario, las raíces, beneficiadas por esa asociación simbiótica, resultan más aptas para la absorción de las sustancias inorgánicas indispensables en su crecimiento.

En la actualidad se realizan plantaciones forestales con individuos previamente micorrizados, obteniendo con ello grandes logros en el desarrollo de los árboles.

Nacimiento y desarrollo de una seta

Dentro del micelio, ciertas hifas tienden a juntarse y a apretarse, formando con ello una pequeña yema. Esta yema va desarrollándose hasta convertirse en un huevo, el cual alberga en su interior el *carpóforo*, la seta propiamente dicha. Esta diminuta seta inicial va aumentando de tamaño, ocasionando con ello la ruptura del huevo. La cáscara de este huevo, que llamaremos *velo general*, sobrevive frecuentemente al desarrollo de la seta, sobre todo en el caso de las amanitas, quedando sus restos bien en la base del pie, dando lugar a la volva, bien en el sombrero a modo de verrugas.

Entre el sombrero y el pie, protegiendo la parte reproductora, nos encontramos con el *velo parcial*, que muchas veces desaparece; cuando no ocurre así y perdura, da lugar al anillo.

Bajo el sombrero, y protegida inicialmente por el anillo, se encuentra la parte reproductora del hongo, el himenio. Éste puede tener láminas, tubos, pliegues o aguijones, dependiendo esto de la especie de que se trate.

Nacimiento y desarrollo de una seta

Morfología

Se verá aquí una clasificación de los hongos. De ella, estudiaremos especialmente los *Ascomycetes* y los *Basidiomycetes.*

Se diferenciarán las partes de los cuerpos fructíferos y, hecho esto, se analizarán los caracteres macroscópicos de las mismas.

Clasificación de los hongos

Myxomycetes y Phycomycetes

Aunque ya desde el comienzo del libro nos hayamos planteado únicamente el estudio de las setas (y por tales entendemos *Ascomycetes y Basidiomycetes*), hemos decidido presentar, a título informativo, dos especies de *Myxomycetes: Fuligo septica* y *Lycogala epidendron.*

Solamente queremos hacer referencia textual al grupo de los *Phycomycetes,* al que pertenecen los mohos y los mildius, entre otros, para dejar constancia de su existencia.

Entrando ya de lleno en el mundo de los macromicetos, debemos distinguir dos grandes grupos que se diferencian fundamentalmente por su proceso de reproducción. Unos producen sus esporas en unas estructuras especiales llamadas *ascas,* a las que deben su nombre los *Ascomycetes.* Otros producen sus esporas en otras estructuras distintas llamadas *basidios,* a las que deben su nombre los *Basidiomycetes.*

Ascomycetes

Los *Ascomycetes* son unas setas que sorprenden al neófito en este tema. El saber popular ha creado un arquetipo de seta que nada tiene que ver con las formas de las especies de este grupo. Esto, que en principio parece que puede complicar las cosas de cara a su clasificación, no es cierto, ya que la variedad morfológica es tan grande y sus diferencias tan acusadas que una clasificación precisa resulta generalmente mucho más fácil que si de un *Basidiomycete* se tratare. *Morchellas, Gyromitras, Helvellas, Rrhizinas, Pezizas, Mitrulas...,* forman un grupo cuya variadísima morfología facilita al aficionado la labor de clasificación.

Basidiomycetes

Los *Basidiomycetes* engloban el mayor número de especies de las que vamos a tratar en este manual, donde mayores y más numerosas serán las dudas a la hora de distinguirlas. Con vistas a disipar en lo posible estas dudas y, también, a ordenar un poco nuestro conocimiento, clasificaremos éstas en siete grupos: *Polyporales, Agaricales, Russulales, Boletales, Aphylloporales, Heterobasidiomycetes* y *Gasterales.*

Polyporales

Incluimos en este orden las setas de pie corto y acéntrico o desprovistas de él, con láminas muy decurrentes y que crecen sobre el tronco de los árboles, tocones o restos de madera. Corresponden a este grupo los *Pleurotus, Panus, Lentinellus...*

Agaricales

Las setas que pertenecen a este grupo corresponden, exactamente, al arquetipo popular de seta. Setas con pie y sombrero, con el himenio debajo del sombrero protegido por el velo parcial, y cuya estructura es en forma de láminas. Es aquí donde surgirán la mayoría de las dudas, y es por lo que las características morfológicas que estudiaremos en el siguiente apartado serán sólo relativas a este grupo.

Son *Agaricales* las *Amanitas*, los *Coprinus*, los *Tricholomas*, los *Cortinarius*, las *Lepiotas*, los *Agaricus...*

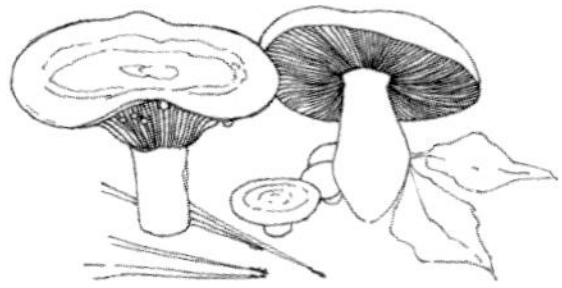

Russulales

Las características más importantes de las setas correspondientes a este orden son la dureza y la fragilidad de su carne. Podríamos compararlas con la tiza tanto por esto como por su estructura arenosa. Integran este grupo los *Lactarius*, de láminas decurrentes que segregan un jugo vinoso o lechoso (de ahí su nombre), y las *Russulas*.

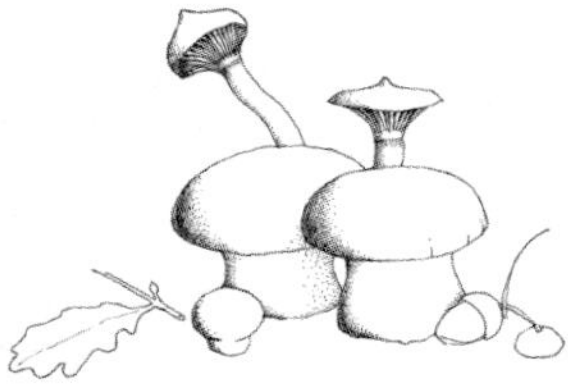

Boletales

La mayor parte de los *Boletales* tienen el himenio formado por poros; su aspecto, a primera vista, es como el de una esponja. Son también *Boletales* una minoría de especies cuyas láminas son decurrentes: *Paxillus, Gomphidius, Hygrophoropsis*...

Aphylloporales

Pertenecen a este grupo aquellas setas popularmente conocidas como *hongos de la madera*, que no son otras que las especies lignícolas de consistencia coriácea, duras y leñosas, futuras yescas. Pertenecen también a este grupo hongos fusiformes como las *Clavarias* o las *Ramarias*, e, incluso, hongos que se corresponden con el arquetipo popular (pie y sombrero), como el *Cantarellus* o el *Hydnum*. Son especies más o menos duras e imputrescibles.

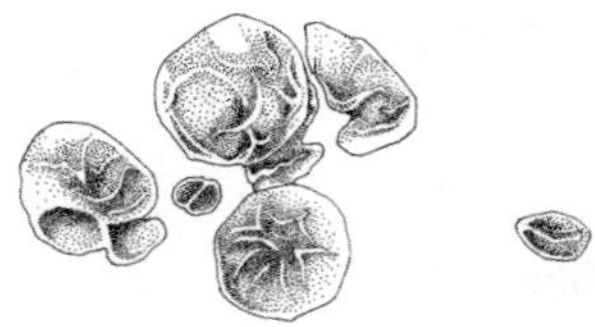

Heterobasidiomycetes

Pertenecen a este orden un reducido número de hongos gelatinosos, informes o planos con nervaduras, como *Tremellas, Auricularias*...

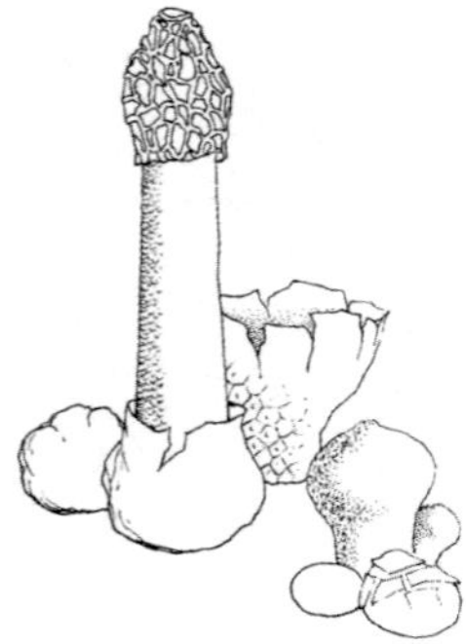

GASTERALES

Se agrupan entre los *Gasterales* todos aquellos *Basidiomycetes* con himenio interno que se hace externo cuando el carpóforo llega a su total maduración, facilitando con ello la salida de las esporas. Pertenecen a este grupo los hongos popularmente conocidos como *pedo de lobo* o *péu de raposu*, que no son otros que los *Lycoperdon*, *Calvatia* y *Scleroderma*. Pertenecen también a este grupo los malolientes *Phallus* y *Clathrus*, los sorprendentes *Cyathus*, cuya forma recuerda un nido, o los *Astraeus*, que recuerdan una estrella.

Análisis morfológico de las setas

Recordemos el capítulo de biología al establecer los elementos morfológicos de las setas: sombrero o píleo, láminas o himenio y pie (como ya dijimos, las características macroscópicas que aquí se estudien serán relativas únicamente al grupo de los agaricales).

El sombrero

FORMAS. En función del ángulo, podemos distinguir los siguientes tipos de sombrero: cónico,[1] campanulado,[2] convexo,[3] aplanado[4] y cóncavo.[5] Otros tipos formalmente más complicados serían: deprimido,[6] umbilicado,[7] mamelonado[8] y giboso.[9]

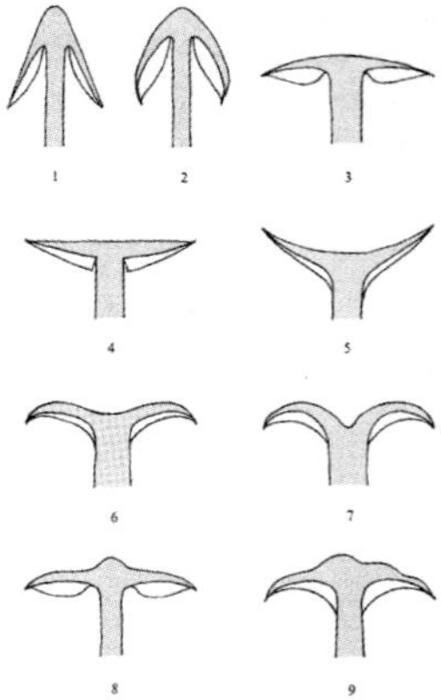

MARGEN. Destacamos en sección los siguientes tipos de margen: recurvado,[1] plano,[2] cerrado[3] y enrollado.[4]

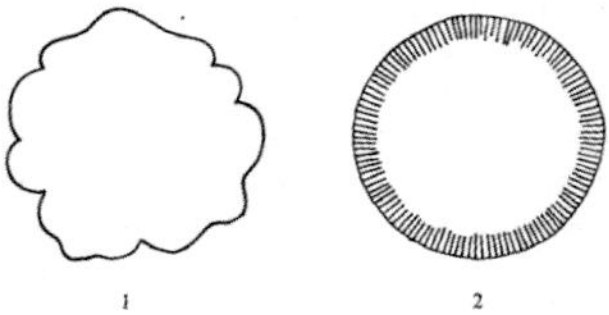

Destacamos en planta dos tipos: lobado[1] y estriado.[2]

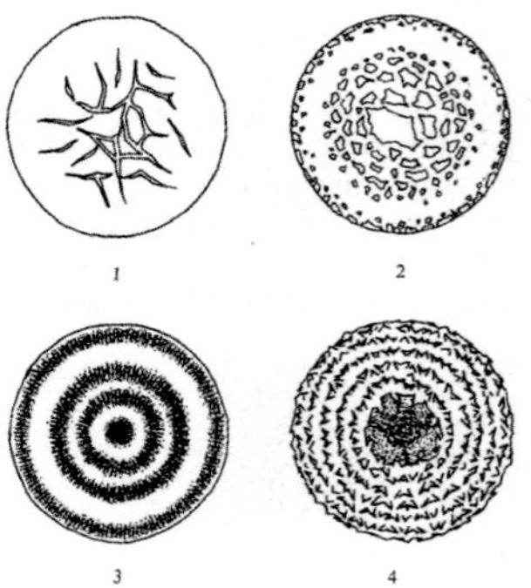

SUPERFICIE EXTERNA. Según la textura de la piel, podemos distinguir las siguientes variantes: verrugoso,[1] escamoso,[2] agrietado[3] y zonado.[4]

Las láminas

FORMAS. Dada su forma, podemos distinguir láminas estrechas,[1] anchas,[2] sinuosas[3] o arqueadas.[4]

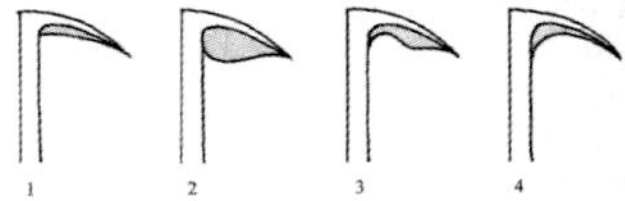

INSERCIONES. Los modos de unión con el sombrero admiten, entre otras, las siguientes variedades: distantes,[1] escotadas,[2] anexas,[3] libres,[4] adherentes,[5] decurrentes por un diente[6] y decurrentes.[7]

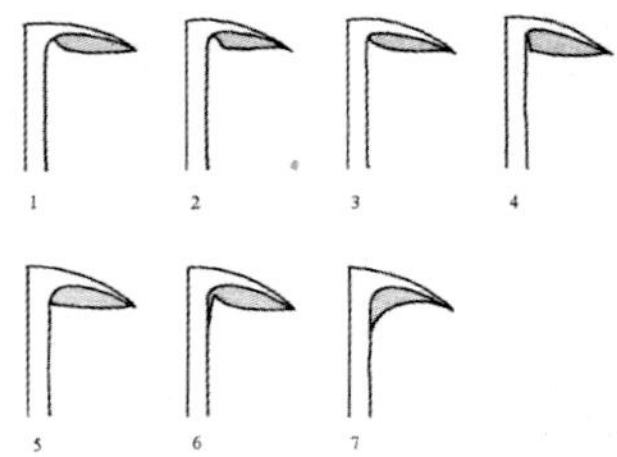

ESPACIAMIENTO LAMINAL. La distribución de las láminas en el espacio circular que ocupa el himenio puede ser: apretada,[1] separada[2] y bifurcada.[3]

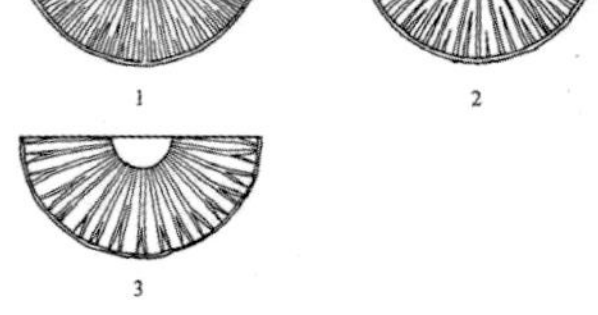

MARGEN. Los tipos de margen o borde que las láminas pueden presentar son, fundamentalmente, tres: liso,[1] ondulado[2] y aserrado.[3]

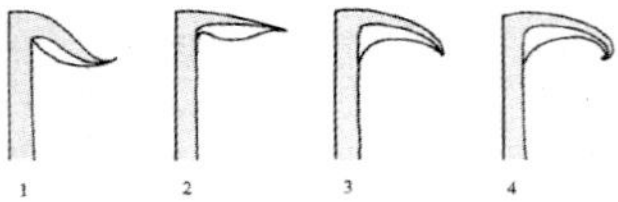

El pie

FORMAS. Atendiendo a la forma podemos distinguir los siguientes tipos: cilíndrico,[1] engrosado,[2] apuntado,[3] clavado,[4] radicante,[5] bulboso[6] y arqueado.[7]

INSERCIONES. Existen, principalmente, dos posibilidades: excéntrico[8] o central.[9]

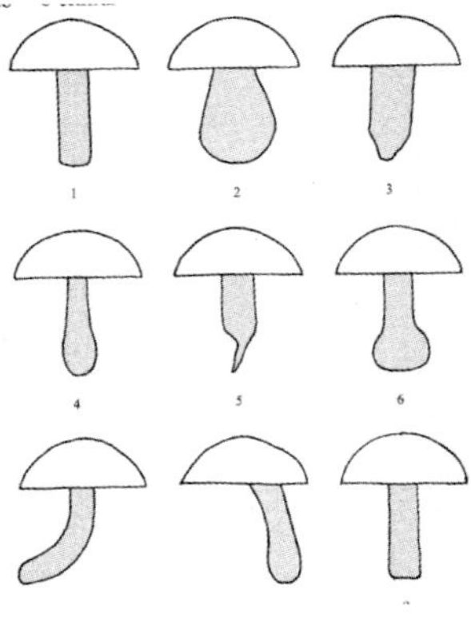

SUPERFICIE EXTERNA. Aparte de otras, fácilmente explicables, destacamos dos: zonado[1] y envainado.[2]

SECCIÓN INTERIOR. Cuando el pie no es totalmente relleno, puede ser hueco,[1] cavernoso[2] o fistuloso.[5]

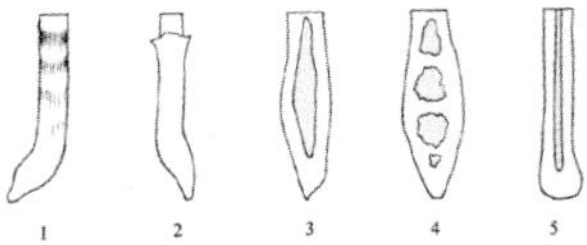

TIPOS DE ANILLO. El velo parcial que, durante el nacimiento y desarrollo de la seta, protegía su himenio, pasa ahora, en la madurez, a formar parte del pie a modo de anillo. Existen, básicamente, los siguientes tipos: sencillo,[1] membranoso,[2] doble,[3] colgante[4] y envainante.[5]

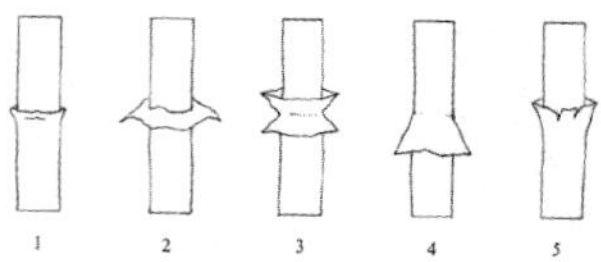

TIPOS DE VOLVA. Los restos del velo general, que durante parte del proceso de desarrollo cubría completamente la seta, quedan, en algunos casos, en la base del pie, dando lugar a la volva. Los más frecuentes son: de saco,[1] circuncisa,[2] envainante,[3] disociada[4] y napiforme.[5]

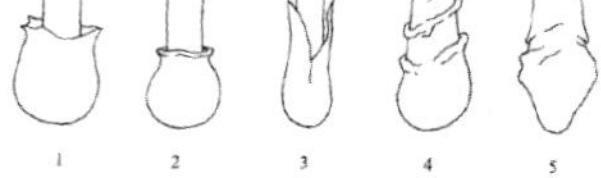

Myxomycetes

La Cruz de Peón (Villaviciosa)

FULIGO CINEREA

Carpóforo: Masa informe reticulada de color blanco sucio que se oscurece con la edad.

Carne: Blanda, pulverulenta al madurar.

Esporas: Negras.

Hábitat: Sobre tocones, restos de madera y ramas. Verano-otoño.

Observaciones: No comestible.

Alea (Ribadesella)

FULIGO SEPTICA

Carpóforo: Masa informe de 5-15 cm. Granulosa y unida directamente al sustrato. Amarillo, ocre con la edad.
Carne: Blanda. Viscosa. Amarilla. Sin olor característico.
Esporas: Pardas.
Hábitat: En distintos sustratos: restos de madera, césped, estiércol y plantas vivas. Primavera-otoño.

La Cruz de Peón (Villaviciosa)

LYCOGALA EPIDENDROM

Carpóforo: Forma esférica de 0,5-1 cm de diámetro. Verrugoso. Escarlata pardusco en la madurez.

Carne: Cremosa. Viscosa. Escarlata. Inodora.

Esporas: Pardas.

Hábitat: Sobre distintas maderas muertas. Otoño.

Ascomycetes

Ballota (Cudillero)

ALEURIA AURANTIA. *Peziza aurantia*

Carpóforo: 2-8 cm. En forma de copa, abriéndose con la edad. Borde lobado. La cara externa, con pequeñísimas verrugas. Color naranja.

Carne: Escasa. Cérea. Frágil. Naranja pálido. Inodora.

Esporas: Naranjas.

Hábitat: Frecuente en taludes, claros y caminos forestales. Verano-otoño.

Observaciones: Comestible previa cocción.

La Roza (Cangas de Onís)

GEOGLOSSUM FALLAX

Carpóforo: 2-5 cm. Forma de clava. Prácticamente negro. Viscoso en tiempo húmedo. Pie cilíndrico más claro que la cabeza.
Carne: Negra. Elástica.

Esporas: Pardas.
Hábitat: En prados entre la hierba. Otoño-invierno.
Observaciones: No comestible.

Cereceda (Piloña)

HELVELLA CRISPA. Oreja de gato

Carpóforo: 2-6 cm. Forma característica de silla de montar. Lobado. Pie largo y hueco con abundantes nervaduras. Correoso. Ocre pálido.

Carne: Escasa y elástica. Ocre pálido. Olor y sabor débiles.

Esporas: Ocres.

Hábitat: En bosques caducifolios y coníferas. Preferentemente en límites y taludes. Verano-otoño.

Observaciones: Comestible previa cocción.

La Viesca, Sueve (Colunga)

HUMARIA HEMISPHAERICA

Carpóforo: 1-3 cm de diámetro. Forma semiesférica. Color blanco en el interior y pardusco en su exterior piloso.
Carne: Escasa. Cérea. Blanca. Inodora.

Esporas: Grises.
Hábitat: Sobre humus de distintos bosques. Todo el año.

La Viesca, Sueve (Colunga)

HYPOXYLON FRAGIFORME. *Hypoxilon coccineum*

Carpóforo: 0,5-1 cm. Forma esférica. Verrugoso. Superficie mate. Recuerda por su forma al fruto del madroño. Sin pie. Rojo pardo.

Carne: Coriácea. Negruzca. Olor fúngico.
Esporas: Difíciles de observar. Negruzcas.
Hábitat: Crece en grupos numerosos sobre restos de haya. Primavera-otoño.

Alea (Ribadesella

MITRULA PALUDOSA. *Mitrula phalloides*

Carpóforo: En forma de espátula o de maza (claviformes). Hueco. Viscoso. Amarillo. Pie delgado, cilíndrico, blanquecino. El pie es separable del sombrero.

Carne: Delgada. Frágil.

Esporas: Amarillentas.

Hábitat: En zonas húmedas y charcos con restos vegetales. Primavera-verano.

Observaciones: Sin valor culinario.

Cúa (Piloña)

MORCHELLA CONICA var. DELICIOSA. Colmenilla

Carpóforo: 5-7 cm. De forma cónica redondeada. Ocre agrisado con notas gris púrpura, más claro en el pie. Celdillas informes, alargadas verticalmente.

Carne: Color hueso.

Esporas: Ocres.

Hábitat: En claros de bosques de coníferas y frondosas. Primavera.

Observaciones: Excelente comestible previa cocción o desecación.

Lléu, Villamayor (Piloña)

MORCHELLA ESCULENTA. Colmenilla

Carpóforo: 5-10 cm. De forma ovalada. Alveolos amplios y desordenados. Pie troncocónico hueco. Ocre más claro en el pie.
Carne: Escasa y frágil. Ocre. Olor agradable.
Esporas: Ocres.

Hábitat: Zonas húmedas de bosques caducifolios, preferentemente a orillas de los ríos. Primavera.
Observaciones: Excelente comestible previa cocción.

Olla de San Vicente (Cangas de Onís)

MORCHELLA VULGARIS. Colmenilla

Carpóforo: 7-10 cm. Entre cónico y redondeado. Gris pardo. Hueco, con pie más claro y cilíndrico, alveolos irregulares.

Carne: Blanca. Olor agradable.

Esporas: Amarillentas.

Hábitat: Zonas húmedas de pastizales próximas a frondosas. Primavera.

Observaciones: Excelente comestible previa cocción o desecación.

La Viesca, Sueve (Colunga

PEZIZA ARVERNENSIS

Carpóforo: 2-10 cm. En forma de cuenco. Verrugoso y ondulado. Borde enrollado. Pie nulo o imperceptible. Ocre en el interior. Blanquecino en el exterior.

Carne: Escasa. Frágil. Blanquecina. Inodora.

Esporas: Incoloras.

Hábitat: Crece en bosques de hayas. Todo el año.

Observaciones: Sin valor culinario.

Collada de la Fumarea (Siero)

PEZIZA BADIA

Carpóforo: 2- 8 cm. En forma de cuenco con bordes lobados que se pliega irregularmente. Color pardo rojizo más o menos oscuro. Sin pie.
Carne: Escasa.

Esporas: Incoloras.
Hábitat: En los bordes de los bosques en terraplenes. Otoño-invierno.
Observaciones: Comestible de poco interés.

Torre (Ribadesella)

PEZIZA REPANDA

Carpóforo: 2-8 cm de diámetro. Forma semiovalada, sin pie, margen ondulado. Ocre, más oscuro en el interior. El exterior va aclarando con la edad.

Carne: Escasa. Ocre.

Esporas: Ocres.

Hábitat: En claros y caminos forestales. Primavera.

Observaciones: Sin valor culinario.

El Fito (Parres)

RHIZINA UNDULATA. *Rhizina inflata*. Cojín

Carpóforo: 3-10 cm. De forma plana a ondulada convexa. Lobada. La cara oculta, más clara y filamentosa. Pardo rojizo. Borde claro.

Carne: Delicada. Coriácea en la madurez. Parda. Inodora.

Esporas: Blancas.

Hábitat: Bosques de coníferas de suelo calizo. Verano-otoño.

Observaciones: Sin valor culinario.

Museo Evaristo Valle (Gijón)

SEPULTARIA SUMNERIANA

Carpóforo: 2-8 cm. Hemisférico. Enterrado, emerge del suelo rompiéndose en forma de estrella con brazos irregulares. El interior, gris claro; el exterior, cespitoso, pardo rojizo. Sin pie.

Carne: Blanca, delgada y sin olor.
Esporas: Transparentes.
Hábitat: En parques y jardines bajo cedros. Primavera.
Observaciones: Sin valor culinario.

Arroes (Villaviciosa)

TUBER BRUMALE. Trufa de invierno

Carpóforo: 2-8 cm. Más o menos esférico. Negro, cubierto de placas troncopiramidales.

Carne: Entre pardo y negro con vetas blancas. Muy aromática.

Esporas: Pardo oscuras.

Hábitat: Enterrado en bosques de robles y encinas principalmente. Invierno-primavera.

Observaciones: Excelente comestible.

La Viesca, Sueve (Colunga)

USTULINA DEUSTA

Carpóforo: Protuberancias aplanadas y convexas. Borde ondulado. Superficie con ampollas y harinosa. De blanco al gris y al negro con la edad. Va inflándose en la madurez.

Carne: Coriácea. Negruzca. Olor fúngico.
Esporas: Negras.
Hábitat: Sobre madera muerta, especialmente si es de haya. Todo el año.
Observaciones: No comestible.

Bosque de Peloño (Ponga)

XYLARIA HIPOXYLON

Carpóforo: Clava ramificada, frecuentemente en forma de cuenco. Blanca la parte superior, que surge de un pie negro.

Carne: Negra.

Esporas: Negras.

Hábitat: Sobre madera muerta de frondosas, especialmente de haya. Todo el año.

Observaciones: No comestible.

La Viesca, Sueve (Colunga)

XYLARIA POLIMORPHA

Carpóforo: 2-4 cm. Protuberancias erectas atenuadas en la base. Con gibas y pliegues irregulares. Superficie rugosa. Negro.

Carne: Coriácea. Blanca. Olor fúngico.
Esporas: Pardas.
Hábitat: Sobre madera muerta, preferentemente de haya. Otoño.

Basidiomycetes

Sorribas (Piloña)

PANUS CONCHATUS

Sombrero: 4-12 cm. Cóncavo y liso con borde lobado. De color violeta claro a parduzco con la edad.
Himenio: Láminas apretadas y decurrentes color hueso que se torna ocre con la edad.
Pie: Corto y acéntrico.
Carne: Elástica y blanquecina. Olor afrutado.
Esporas: Blancas.
Hábitat: Sobre troncos de frondosas en primavera.
Observaciones: No comestible.

Peón (Villaviciosa)

PLEUROTUS OSTREATUS

Sombrero: 5-15 cm. De aplanado a deprimido. Carnoso. Margen enrollado. Gris.

Himenio: Láminas decurrentes. Apretadas. Blancas.

Pie: Grueso. Lleno. Excéntrico. Piloso en la base. Blanco.

Carne: Compacta. Consistente. Blanca. Olor aromático a hongo.

Esporas: Blancas.

Hábitat: Parásita de frondosas. En grupos apretados. Otoño.

Observaciones: Buen comestible. Se cultiva frecuentemente.

Sorribas (Piloña)

SCHIZOPHYLLUM COMMUNE. Esquizofilo común

Sombrero: 1-4 cm. Coriáceo. Forma de concha. Lanoso. Gris.

Himenio: Láminas separadas. Bifurcadas. Rosas.

Pie: No tiene.

Carne: Dura. Elástica. Delgada. Rojiza. Inodora.

Esporas: Blancas.

Hábitat: Crece sobre frondosas y coníferas. Incluso sobre restos de animales. Todo el año.

Villamayor (Piloña)

BOLETUS AEREUS. Hongo negro

Sombrero: 6-15 cm. Carnoso. Convexo. Aterciopelado. Cutícula no viscosa. Marrón a negro.

Himenio: Tubos finos y largos. Libres. Poros pequeños. Crema.

Pie: Macizo. Robusto. Engrosado. Finamente reticulado. Pardo ocre.

Carne: Dura. Compacta. Blanca. Olor fúngico.

Esporas: Ocres.

Hábitat: Crece en bosques de caducifolios. Otoño

Observaciones: Excelente comestible.

Pesquerín (Piloña)

BOLETUS CALOPUS. *Boletus pachypus*

Sombrero: 5-15 cm. Carnoso. Convexo. Seco. Ocre claro. Tubos finos y largos. Adherentes. Poros pequeños. Amarillo pálido. Azulea al tacto.
Himenio: Macizo. Engrosado. Amarillo reticulado de rojo.
Pie: Azulea al tacto.
Carne: Gruesa. Compacta. Amarilla. Azulea al corte. Amarga.
Esporas: Amarillas.
Hábitat: Crece en bosques de coníferas y caducifolios. Otoño.
Observaciones: Sabor desagradable.

Soto de Dueñas (Parres)

BOLETUS EDULIS. Calabaza

Sombrero: 5-15 cm. Carnoso. Convexo. Aterciopelado. Cutícula viscosa con la humedad. Marrón

Himenio: Tubos largos y libres. Poros pequeños. Fácilmente separable del sombrero. De blanco a amarillento.

Pie: Robusto. Engrosado. Blanquecino.

Carne: Sólida. Esponjosa con la edad. Blanca. Agradable.

Esporas: Amarillo oliváceo.

Hábitat: Crece en bosques caducifolios. Otoño.

Observaciones: Excelente comestible.

Pesquerín (Piloña)

BOLETUS ERYTHROPUS. Pie rojo

Sombrero: 5-15 cm. Carnoso. Convexo. Aterciopelado. Pardo.
Himenio: Tubos apretados y largos. Poros pequeños. Rojo. Azulea al tacto.
Pie: Robusto. No reticulado. Pardo amarillento. Cubierto de finas granulaciones rojas.
Carne: Compacta. Sólida. Amarillo limón. Azulea al corte.
Esporas: Amarillas.
Hábitat: Crece en bosques de caducifolios y coníferas. Otoño.
Observaciones: Buen comestible.

Taramundi

BOLETUS PINICOLA. Boleto del pino

Sombrero: 6-20 cm. Carnoso. Convexo. Aterciopelado. Rojo amarronado.

Himenio: Tubos largos y adherentes. Poros pequeños. Crema.

Pie: Grueso. Pardo amarillento. Finamente reticulado hasta la base.

Carne: Compacta. Blanca. Inmutable. Olor y sabor agradables.

Esporas: Marrones.

Hábitat: Crece en bosques de coníferas. Primavera-Otoño.

Observaciones: Excelente comestible.

Priede (Piloña)

BOLETUS REGIUS

Sombrero: 5-15 cm. De hemisférico a convexo. Superficie filamentosa. Rojizo.

Himenio: Tubos finos amarillos que se hacen verdes con la edad. Inmutables al tacto.

Pie: Más ancho en la base, macizo. Amarillo, levemente reticulado.

Carne: De blanca a amarilla. Olor agradable. Sabor dulce.

Esporas: Amarillentas.

Hábitat: Bosques de caducifolios. Verano-otoño.

Observaciones: Excelente comestible, evitar la base del pie por su mal sabor.

Pesquerín (Piloña)

BOLETUS RETICULATUS

Sombrero: 6-15 cm. Hemisférico a convexo. Superficie aterciopelada. Ocre.
Himenio: Tubos largos y libres. Poros pequeños. Fácilmente separable del sombrero. Color crema.
Pie: Macizo. Engrosado en la base. Ligeramente reticulado. Ocre claro.
Carne: Esponjosa. Blanca. Olor agradable. Frecuentemente parasitada por larvas.
Esporas: Amarillas.
Hábitat: Bosques de planifolios. Verano-otoño.
Observaciones: Muy buen comestible.

Vega del Color (Piloña)

BOLETUS SATANAS

Sombrero: 8-20 cm. De hemisférico a convexo. Superficie aterciopelada. De blanco sucio a gris gamuza. Margen enrollado.

Himenio: Tubos largos. Rojo anaranjado, azulea al roce.

Pie: Rechoncho, macizo, reticulado. De joven, amarillo arriba y rojo abajo; al envejecer, rojo uniforme.

Carne: Compacta. Blanquecina, azulea al corte débilmente. Olor desagradable.

Esporas: Marrones.

Hábitat: Bosques de caducifolios. Verano-otoño.

Observaciones: Tóxico.

Tuero (Villaviciosa)

CHROOGOMPHUS RUTILUS.

Gomphidius viscidus. Gonfidio viscoso

Sombrero: 5-10 cm. De campanulado a aplanado. Mamelonado. Viscoso. Margen enrollado. Color cobre.

Himenio: Láminas decurrentes. Separadas. Pardas.

Pie: Alargado. Fibroso, con restos de cortina fugaz. Cobre.

Carne: Compacta. Ocre claro. Inodora.

Esporas: Pardas.

Hábitat: Crece en claros de bosques de coníferas. Otoño.

Observaciones: Comestible mediocre.

Argañoso (Villaviciosa)

HYGROPHOROPSIS AURANTIACA.

Clitocybe aurantiaca

Sombrero: 3-8 cm. De convexo a aplanado. Deprimido. Margen enrollado. Amarillo anaranjado.

Himenio: Láminas decurrentes. Apretadas. Amarillo anaranjado.

Pie: Esbelto. Lleno. Amarillo anaranjado.

Carne: Blanda. Amarilla. Inodora.

Esporas: Amarillas.

Hábitat: Bosques caducifolios y coníferas sobre troncos. Otoño.

Observaciones: Comestible mediocre.

El Fito (Parres)

KROMBHOLZIELLA DURIUSCULA.

Boletus scaber

Sombero: 5-15 cm. Carnoso. Convexo. Aterciopelado. Viscoso con la humedad. Pardo.

Himenio: Tubos largos y libres. Poros pequeños. Gris.

Pie: Largo. Cilíndrico. Lleno. Blanquecino, con escamas negruzcas.

Carne: Blanda. Blanquecina. Olor fúngico. Sabor dulce.

Esporas: Amarillentas.

Hábitat: Especie micorrizógena del abedul. Verano-otoño.

Observaciones: Comestible.

Collada de la Fumarea (Villaviciosa)

PAXILLUS INVOLUTUS. Paxilo enrollado

Sombrero: 5-12 cm. De convexo a deprimido. Carnoso. Borde muy enrollado. Marrón. Oscurece a la presión.
Himenio: Láminas decurrentes. Apretadas. Color crema. Oscurecen a la presión o al frotamiento.
Pie: Robusto. Corto. Marrón.
Carne: Espesa. Blanda. Color crema. Olor agradable.
Esporas: De color pardo negruzco.
Hábitat: Crece en bosques de coníferas y caducifolios. Otoño.
Observaciones: Venenoso.

El Fito (Parres)

SUILLUS BOVINUS. *Boletus bovinus*

Sombrero: 4-11 cm. Carnoso. De convexo a aplanado. Viscoso. Ocre.
Himenio: Tubos cortos y decurrentes. Poros anchos. Amarillo verdoso.
Pie: Delgado. Apuntado. Lleno. Ocre.

Carne: Blanda. Tierna. Amarillenta. Inodora. Algo amarga.
Esporas: Amarillentas.
Hábitat: Crece en bosques de coníferas. Verano-otoño.
Observaciones: Comestible mediocre.

Argüero (Villaviciosa)

SUILLUS GRANULATUS. *Boletus granulatus*

Sombrero: 4-10 cm. Carnoso. De convexo a aplanado. Muy viscoso. Cutícula separable. Ocre.

Himenio: Tubos cortos y apretados. Poros pequeños. Amarillo. Con gotas de látex de joven.

Pie: Cilíndrico. Lleno. Granulado en su parte superior. Ocre.

Carne: Blanda. Tierna. De color blanco amarillento. Olor agradable.

Esporas: Pardas.

Hábitat: Crece entre coníferas. Primavera-otoño.

Observaciones: Comestible.

Merás (Valdés)

SUILLUS LUTEUS. *Boletus luteus.* Boleto anillado

Sombrero: 4-12 cm. Carnoso. Convexo. Levemente mamelonado. Muy viscoso. Cutícula separable. Pardo.

Himenio: Tubos largos y anexos. Poros pequeños. Amarillento.

Pie: Cilíndrico. Lleno. Granulado por encima del anillo. Anillo membranoso. Amarillento.

Carne: Blanda. Tierna. Amarillenta.

Esporas: Pardas.

Hábitat: Crece en bosques de coníferas.

Observaciones: Comestible.

La Cruz de Peón (Villaviciosa)

XEROCOMUS BADIUS. *Boletus badius.* Boleto bayo

Sombrero: 5-15 cm. Carnoso. De convexo a aplanado. Viscoso con la humedad. Castaño.

Himenio: Tubos largos. Anexos. Poros pequeños. Amarillo pálido. Oscurece y azulea al tacto.

Pie: Cilíndrico apuntado. Pardo.

Carne: Firme. Amarillo pálido. Azulea al corte. Olor afrutado.

Esporas: Pardas.

Hábitat: Crece en bosques de coníferas y frondosas. Otoño.

Observaciones: Buen comestible.

Moñes (Piloña)

XEROCOMUS FERRUGINEUS. *Boletus ferrugineus*

Sombrero: 5-12 cm. De convexo a aplanado. A veces agrietado. Marrón rojizo.
Himenio: Tubos largos. Poros amplios. Amarillo.
Pie: Cilíndrico, curvado. Ocre.
Carne: Blanda. Amarillenta. Azulea al corte.
Esporas: Marrones.
Hábitat: Crece en bosques de coníferas y caducifolios. Otoño.
Observaciones: Comestible mediocre.

Moñes (Piloña)

XEROCOMUS PARASITICUS. *Boletus parasiticus*

Sombrero: 3-5 cm. De convexo a aplanado. Amarillo pardo.

Himenio: Tubos cortos. Adherentes. Poros amplios. De amarillo a rojo con la edad.

Pie: Cilíndrico. Apuntado. Arqueado. Amarillo.

Carne: Sólida. Amarilla. Olor débil. Sabor agradable.

Esporas: Pardas.

Hábitat: Es parásito del Scleroderma citrinum. Otoño.

Observaciones: Comestible mediocre.

Pesquerín (Piloña)

XEROCOMUS SUBTOMENTOSUS.

Boletus subtomentosus

Sombrero: 3-12 cm. Carnoso. De convexo a aplanado. Aterciopelado.

Himenio: Tubos largos y adherentes poros grandes. Amarillo.

Pie: Cilíndrico apuntado. Lleno. Ocre.

Carne: Blanda. De color crema. Olor afrutado. Sabor agradable.

Esporas: Amarillo pálido.

Hábitat: Crece en pastizales y bosques de caducifolios. Otoño.

Observaciones: Comestible mediocre.

La Olla (Gijón)

AGARICUS ARVENSIS. *Psalliota arvensis.* Bola de nieve

Sombrero: 5-20 cm. Carnoso. De campanulado a aplanado. Brillante. De color blanco amarillento. Amarillea con el roce.

Himenio: Láminas libres, apretadas. De rosa a chocolate.

Pie: Robusto. Hueco con anillo doble. Blanco.

Carne: Espesa. Blanda. Blanca. Olor a anís.

Esporas: Marrones.

Hábitat: Crece en prados. Primavera-otoño.

Observaciones: Buen comestible. Indigesto con la edad.

La Collada, Sueve (Parres)

AGARICUS CAMPESTER.

Psalliota campestris. Champiñón silvestre

Sombrero: 5-10 cm. Carnoso. De campanulado a aplanado. Escamoso. Blanco rosado.

Himenio: Láminas libres, apretadas. De rosa a chocolate.

Pie: Cilíndrico. Lleno, con anillo a veces fugaz. Blanco.

Carne: Espesa. Blanda. Blanca. Rosa al corte.

Esporas: Pardas.

Hábitat: Crece en prados. Otoño.

Observaciones: Buen comestible. Indigesto con la edad.

Arnao (Castropol)

AGARICUS LANGEI

Sombrero: 6- 14 cm. De convexo a aplanado. Amarillo sobre fondo blanco con pequeñas escamas más oscuras y cutícula separable.

Himenio: Láminas libres y apretadas de color rosa a marrón oscuro en la madurez.

Pie: Grueso, macizo, cilíndrico, con anillo blanco, membranoso y consistente.

Carne: Compacta. Blanca, enrojece al corte. Olor débil.

Esporas: Marrones.

Hábitat: En bosques de coníferas. Verano-otoño.

Observaciones: Buen comestible.

Sorribas (Piloña)

AGARICUS MACROSPORUS. *Psalliota macrospora*

Sombrero: 8-29 cm. Carnoso. De campanulado a aplanado. Verrugoso. A veces agrietado. Blanco.

Himenio: Láminas libres. Apretadas. De rosa a chocolate.

Pie: Corto. Hueco, con anillo. Blanco.

Carne: Espesa. Blanda. Blanca. Olor a almendras amargas.

Esporas: Pardas.

Hábitat: Crece en prados de montaña. Primavera-otoño.

Observaciones: Buen comestible. Indigesto con la edad.

Arnao (Castropol)

AGARICUS SILVATICUS

Sombrero: 5-10 cm. De hemisférico a convexo. Pardo claro, levemente escamoso.

Himenio: Láminas libres y apretadas de color rosa, marrones con la edad.

Pie: Largo, delgado y cilíndrico. Blanco, con anillo sencillo.

Carne: Blanca; se vuelve rosa al contacto con el aire.

Esporas: Marrones.

Hábitat: En bosque de coníferas. Verano-otoño.

Observaciones: Comestible aceptable.

Tuero (Villaviciosa)

AGARICUS XANTHODERMA. *Psalliota xanthoderma*

Sombrero: 5-12 cm. De campanulado a aplanado. Blanco teñido de gris. Amarillea con fuerza al tacto y al corte.
Himenio: Láminas libres y apretadas. De rosa a chocolate. Amarillea en la base.
Pie: Bulboso. Hueco, con anillo. Blanco.
Carne: Espesa. Tierna. Blanca. Olor a tinta.
Esporas: Pardas.
Hábitat: Crece en prados. Otoño.
Observaciones: Tóxico.

Miyares (Piloña)

AGROCYBE AEGERITA.

Pholiota aegerita. Seta de chopo

Sombrero: 3-10 cm. Aplanado y ligeramente mamelonado. Castaño, aclarando hacia el borde.

Himenio: Láminas decurrentes. Apretadas. De blanco a ocre.

Pie: Largo y fibroso. Lleno y con anillo. Blanco.

Carne: Compacta. Elástica. Blanca. Olor fúngico. Ocre.

Esporas: Ocres.

Hábitat: Es parásita de álamos y chopos. Primavera-verano.

Observaciones: Buen comestible.

Grado

AMANITA CAESAREA. Oronja

Sombrero: 8-20 cm. Carnoso. De convexo a aplanado. Brillante. A veces, con restos de volva. Rojo anaranjado.

Himenio: Láminas libres. Apretadas. Amarillo.

Pie: Esbelto, con anillo membranoso. Volva blanca, de saco. Amarillo.

Carne: Tierna. Abundante. Blanca.

Esporas: Blancas.

Hábitat: Crece en bosques de caducifolios. Otoño.

Observaciones: Excelente comestible. Es la seta más apreciada.

Huexes (Parres)

AMANITA CITRINA

Sombrero: 5-10 cm. Aplanado. Verrugoso. Fondo satinado. De blanco a amarillento.

Himenio: Láminas libres. Apretadas. Blancas.

Pie: Cilíndrico, con anillo membranoso. Volva circuncisa. De blanco a amarillento.

Carne: Consistente. Blanca. Olor a rábanos.

Esporas: Blancas.

Hábitat: Bosques de coníferas y caducifolios. Primavera-otoño.

Observaciones: Sin valor culinario.

Riomolín (Cangas del Narcea)

AMANITA CROCEA

Sombrero: 5-10 cm. De campanulado a convexo. Anaranjado, sin restos de volva. Margen estriado.
Himenio: Láminas libres y blancas.
Pie: Largo y delgado, sin anillo. Blanco, con volva envainante.

Carne: Blanda. Blanca. Olor débil.
Esporas: Blancas.
Hábitat: Bosque de caducifolios. Verano-Otoño.
Observaciones: Comestible tras larga cocción.

Muros de Nalón

AMANITA FULVA

Sombrero: 4-7 cm. De campanulado a aplanado. Rojo parduzco. Margen estriado.
Himenio: Láminas libres y blancas.
Pie: Largo y delgado, hueco. Blanco sucio. Sin anillo y con volva envainante.
Carne: Frágil. Blanca.
Esporas: Blancas.
Hábitat: Bosques de caducifolios. Verano-Otoño.
Observaciones: Comestible de poco interés, previa cocción.

Tazones (Villaviciosa)

AMANITA MUSCARIA. Matamoscas

Sombrero: 8-20 cm. De convexo a aplanado. Viscoso. Verrugoso. Pierde las verrugas con la lluvia. Rojo anaranjado.

Himenio: Láminas libres. Apretadas. Blancas.

Pie: Esbelto, con anillo membranoso. Volva disociada en perlas. Blanco.

Carne: Firme. Abundante. Blanca. Inodora.

Esporas: Blancas.

Hábitat: Crece entre coníferas y caducifolios. Otoño.

Observaciones: Venenoso.

Miyares (Piloña)

AMANITA PANTHERINA

Sombrero: 5-12 cm. Aplanado. Verrugoso. Estriado. Puede perder las verrugas con la lluvia. Pardo.

Himenio: Láminas libres. Apretadas. Blancas.

Pie: Liso, con anillo sencillo. Bajo. Volva disociada en aros. El anillo, a veces, es fugaz. Blanco.

Carne: Poco consistente. Blanca. Inodora.

Esporas: Blancas.

Hábitat: Crece principalmente en caducifolios. Otoño.

Observaciones: Venenoso.

El Tragamón (Gijón)

AMANITA PHALLOIDES. Cicuta verde

Sombrero: 5-15 cm. De convexo a aplanado. Brillante. Puede tener restos de volva. Verde amarillento.
Himenio: Láminas libres. Apretadas. Blancas.
Pie: Esbelto. Con anillo membranoso. Volva de saco. Blanco. Zonado del color del sombrero.
Carne: Fibrosa. Blanca. Inodora.
Esporas: Blancas.
Hábitat: Crece en todo tipo de bosque. Otoño.
Observaciones: Mortal. Es la seta más peligrosa.

Valles (Piloña)

AMANITA RUBESCENS. Amanita vinosa

Sombrero: 5-15 cm. Carnoso. De convexo a aplanado. Verrugoso. Margen liso. Pardo rojizo.

Himenio: Láminas adherentes. Apretadas. Blancas.

Pie: Cilíndrico, con anillo membranoso. Volva napiforme. Anillo alto y colgante. Blanco.

Carne: Tierna. Blanca. Enrojece en las heridas.

Esporas: Blancas.

Hábitat: Común entre coníferas y caducifolios. Primavera-otoño.

Observaciones: Comestible previa cocción. Peligrosa confusión con Amanita pantherina.

Moñes (Piloña)

AMANITA SOLITARIA

Sombrero: 7-15 cm. De convexo a aplanado. Verrugoso. Blanco.

Himenio: Láminas libres. Apretadas. Blancas.

Pie: Macizo, con anillo fugaz. Volva disociada. El anillo, a veces, se vuelve escamoso. Blanco.

Carne: Tierna. Blanca. Inodora.

Esporas: Blancas.

Hábitat: Crece en claros de bosques. Otoño.

Observaciones: Comestible.

Moñes (Piloña)

AMANITA SPISSA. *Amanita cinerea*

Sombrero: 5-15 cm. De convexo a extendido. Borde liso. Color pardo con escamas blanquecinas procedentes de la volva.

Himenio: Láminas apretadas, anchas y libres. Blancas.

Pie: Alto. Robusto. Con anillo blanco, membranoso y estriado, y volva en forma de nabo. Gris pardo.

Carne: Compacta. Blanca. Sabor dulce. Olor a rábano.

Esporas: Blancas.

Hábitat: Bosques de caducifolios y coníferas. Verano-otoño.

Observaciones: Comestible. Peligrosa confusión con Amanita pantherina.

Soto de Dueñas (Parres)

AMANITA VAGINATA. Amanita enfundada

Sombrero: 5-10 cm. De campanulado a aplanado. Estriado. A veces, mamelonado. Gris plomo.

Himenio: Láminas libres. Apretadas. Blancas.

Pie: Esbelto, sin anillo. Volva envainante. Blanco.

Carne: Frágil. Escasa. Blanca. Olor agradable.

Esporas: Blancas.

Hábitat: Crece en bosques de caducifolios y coníferas. Otoño.

Observaciones: Buen comestible previa cocción.

Bustacu, Sueve (Parres)

ANELLARIA SEMIOVATA. Panaeolus semiovata

Sombrero: 2-5 cm. Campanulado. Viscoso con la humedad. Rosa.
Himenio: Láminas adherentes. Apretadas. Grises.
Pie: Esbelto. Bulboso. Con anillo membranoso. Blanco.
Carne: Escasa. Frágil. Blanca. Inodora.
Esporas: Negras.
Hábitat: Crece sobre excrementos de ganado. Primavera-otoño.
Observaciones: Alucinógena.

La Llama (Colunga)

ARMILLARIELLA MELLEA.

Armillaria mellea. Armilaria color miel

Sombrero: 5-10 cm. De convexo a aplanado. Borde estriado. Melado.

Himenio: Láminas levemente decurrentes. Poco apretadas. De color blanco, amarillean con la edad.

Pie: Largo. Fibroso. Con anillo. Amarillento.

Carne: Firme. Blanca. Olor agradable.

Esporas: Blancas.

Hábitat: Parásita de coníferas y frondosas. Otoño.

Observaciones: Si es joven, buen comestible.

Puerto de San Lorenzo (Teverga)

CALOCYBE GAMBOSA. *Tricholoma georgii.*

Seta de San Jorge. Perrechico. Seta del rayu

Sombrero: 5-10 cm. Carnoso. Convexo. Margen enrollado. De blanco a crema.

Himenio: Láminas escotadas. Apretadas. De blanco a crema.

Pie: Corto. Engrosado. Blanco.

Carne: Compacta y espesa. Blanca. Olor a harina.

Esporas: Blancas.

Hábitat: Crece en pastizales. En corras. Primavera.

Observaciones: Excelente comestible.

La Olla (Gijón)

CAMAROPHYLLUS NIVEUS

Sombrero: 2-5 cm. De aplanado a cóncavo. Blanco.
Himenio: Láminas decurrentes. Gruesas. Separadas. Blancas.
Pie: Delgado. Hueco. Blanco.
Carne: Blanda y frágil. Cérea. Blanca. Inodora.
Esporas: Blancas.
Hábitat: Crece en pastizales. Otoño.
Observaciones: Buen comestible.

Sietes (Villaviciosa)

CAMAROPHYLLUS PRATENSIS.

Higroforo de los prados

Sombrero: 4-10 cm. De convexo a aplanado. Café con leche.
Himenio: Láminas decurrentes. Gruesas. Separadas. De color crema.
Pie: Fibroso. Lleno. Crema.
Carne: Firme. Frágil. De blanco a crema. Inodora.
Esporas: Blancas.
Hábitat: Crece en los prados. Invierno.
Observaciones: Buen comestible.

Valdediós (Villaviciosa)

CLITOCYBE GEOTROPA. Platera

Sombrero: 5-15 cm. De aplanado a cóncavo. Mamelonado. Margen enrollado. Color ocre.

Himenio: Láminas decurrentes. Apretadas. Color crema.

Pie: Robusto. Lleno. Crema.

Carne: Consistente. Crema. Olor afrutado.

Esporas: Blancas.

Hábitat: Crece en prados y claros de bosque. En corras. Otoño.

Observaciones: Excelente comestible.

Moñes (Piloña)

CLITOCYBE GIBBA

Sombrero: 5-8 cm. De aplanado a cóncavo. Embudado. Levemente mamelonado. Color café con leche.

Himenio: Láminas apretadas y muy decurrentes. Blancas.

Pie: Esbelto. Macizo. Piloso en la base. Blanquecino.

Carne: Consistente. Blanca. Olor levemente afrutado.

Esporas: Blancas.

Hábitat: Bosque de caducifolios y coníferas. Verano-otoño.

Observaciones: Comestible.

Robledo (Piloña)

CLITOPILUS PRUNULUS. Molinera

Sombrero: 3-10 cm. Carnoso. De convexo a aplanado. Lobado. Margen enrollado. Blanco.

Himenio: Láminas decurrentes. Apretadas. De blanco a rosa.

Pie: A veces excéntrico. Algodonoso en la base. Blanco.

Carne: Muy frágil. Blanca. Intenso olor a harina.

Esporas: Rosas.

Hábitat: Pastizales y bosques, próximo al Boletus edulis. Otoño.

Observaciones: Buen comestible. Se distingue de los Clitocybes tóxicos por la fragilidad de la carne.

Parque de Isabel la Católica (Gijón)

COPRINUS ATRAMENTARIUS.

Coprino antialcohólico

Sombrero: 3-6 cm. Campanulado. Escamoso. Borde hendido. Gris.
Himenio: Láminas libres. Apretadas. Delicuescentes. Del blanco al negro.
Pie: Cilíndrico. Hueco. Con anillo fugaz. Blanquecino.
Carne. Blanda. Blanquecina. Inodora.
Esporas: Negras.
Hábitat: En jardines y bordes de los caminos. Primavera-otoño.
Observaciones: Comestible. Tóxico ingerido con alcohol.

Bedriñana (Villaviciosa)

COPRINUS COMATUS. Barbuda

Sombrero: 2-5 cm. Campanulado. Muy escamoso. Blanco.

Himenio: Láminas libres. Apretadas. Delicuescentes. Del blanco al negro.

Pie: Fibroso. Hueco. Con anillo fugaz. Separable del sombrero. Blanco.

Carne: Escasa. Blanca. Inodora.

Esporas: Negras.

Hábitat: Jardines y bordes de caminos. Primavera-otoño.

Observaciones: Delicado, pero excelente comestible.

Castiello (Gijón)

COPRINUS DISSEMINATUS. Coprino diseminado

Sombrero: 0,5-1,5 cm. Campanulado. Acanalado. Color crema.

Himenio: Láminas adherentes. Separadas. No delicuescentes. Del blanco al pardo.

Pie: Frágil. Hueco. Blanco.

Carne: Escasa. Blanca. Inodora.

Esporas: Pardas.

Hábitat: Crece en grandes masas sobre tocones. Primavera-otoño.

Observaciones: Sin valor culinario.

Bres (Taramundi)

COPRINUS MICACEUS

Sombrero: 2-4 cm. Campanulado. Acanalado. Con restos del velo que recuerdan la mica. Margen estriado. Ocre.
Himenio: Láminas libres. Apretadas. Poco delicuescentes. Del blanco al negro.

Pie: Cilíndrico. Hueco. Sin anillo. Blanquecino.
Carne: Escasa. Frágil. Blanca.
Esporas: Negras.
Hábitat: En grupos apretados sobre tocones. Primavera-otoño.
Observaciones: Sin valor culinario.

Tuero (Villaviciosa)

COPRINUS PLICATILIS

Sombrero: 2-4 cm. Estriado, campanulado, luego convexo y finalmente plano. En el centro, un círculo ocre se diferencia del gris del resto de la superficie.

Himenio: Láminas delgadas y espaciadas de color gris.

Pie: Muy largo y delgado, frágil. Gris más claro que el sombrero.

Carne: Casi inexistente.

Esporas: Negras.

Hábitat: En senderos y caminos forestales. Otoño.

Observaciones: Sin valor culinario.

Sorribas (Piloña)

COPRINUS TRUNCORUM

Sombrero: 2-5 cm. Campanulado. Verrugoso. Color ocre.
Himenio: Láminas libres. Apretadas. Delicuescentes. Del blanco al negro.
Pie: Largo. Bulboso. Blanco.
Carne: Escasa. Blanca. Inodora.
Esporas: Negras.
Hábitat: Crece sobre tocones. Primavera-otoño.
Observaciones: Sin valor culinario.

Benia (Onís)

CORTINARIUS ARCUATORUM

Sombrero: 5-10 cm. Convexo, rojizo, superficie viscosa. Margen enrollado con restos de cortina.

Himenio: Láminas escotadas y apretadas de color lila a óxido de hierro con la edad.

Pie: Macizo, cilíndrico y bulboso. Violeta por arriba y ocre en la base.

Carne: Blanca manchada de lila. Compacta y de olor afrutado.

Esporas: Ferruginosas.

Hábitat: En bosque de frondosas. Otoño.

Observaciones: No comestible.

El Fito (Parres)

CORTINARIUS GLAUCOPUS

Sombrero: 6-12 cm. Carnoso. Convexo. Viscoso. Ocre.
Himenio: Láminas adherentes. Apretadas. Lilas.
Pie: Firme. Lleno. Con cortina. Bulboso. Lila.
Carne: Compacta. Color crema. Olor afrutado.
Esporas: Marrones.
Hábitat: Crece en bosques de coníferas de montaña. Otoño.
Observaciones: Comestible. Peligrosa confusión con Cortinarius venenosos.

Vega del Color (Piloña)

CORTINARIUS PORPHYROPUS

Sombrero: 4-7 cm. De convexo a aplanado. Poco carnoso. Liso. Viscoso. Descolorido. Pardusco.

Himenio: Láminas apretadas. Marginadas. Color violeta.

Pie: Delgado. Engrosado levemente en la base. Lleno. Difuminado del blanco al violeta. Con cortina.

Carne: Escasa. Blanca. Violeta al corte en el pie.

Esporas: Marrones.

Hábitat: Bosques de frondosas, preferentemente hayas. Otoño.

Observaciones: Tóxico.

Moñes (Piloña)

CORTINARIUS SEBACEUS

Sombrero: 5-10 cm. Convexo. Brillante. Cutícula separable. Borde enrollado con velo blanquecino. Color ocre.

Himenio: Láminas apretadas. Anexas. De color blanco a café con leche.

Pie: A menudo, torcido. Cilíndrico. Con cortina. Blanco.

Carne: Compacta. Blanca. Inodora. Sabor dulce.

Esporas: Marrones.

Hábitat: Bosques de coníferas y caducifolios. Verano-otoño.

Observaciones: Buen comestible.

La Matosa (Piloña)

CORTINARIUS TRIVIALIS. Cortinario viscoso

Sombrero: 3-8 cm. Carnoso. Convexo. Mamelonado. Viscoso. Margen enrollado. Amarillento.

Himenio: Láminas decurrentes por un diente. Apretadas. Ocre.

Pie: Sólido. Lleno. Con restos de cortina blanquecina. Escamoso. Viscoso. Amarillento.

Carne: Firme. Blanquecina. Inodora.

Esporas: Pardas.

Hábitat: Crece en bosques de caducifolios. Otoño.

Huexes (Parres)

CREPIDOTUS CESATI

Sombrero: 0,5-3 cm. Forma de concha. Lanoso. Margen enrollado. Blanco.

Himenio: Láminas separadas. Divergentes. Color crema.

Pie: Corto y excéntrico. Blanco. Desaparece con la edad.

Carne: Delgada y muy escasa. Inodora. Blanca.

Esporas: Ocres.

Hábitat: Crece sobre restos de maderas en descomposición. Primavera-otoño.

Sorribas (Piloña)

ENTOLOMA LIVIDUM

Sombrero: 6-12 cm. De convexo a plano, a veces giboso. De blanquecino a gris ocre pálido.

Himenio: Láminas libres o escotadas (nunca decurrentes). Color crema que se vuelve salmón con la edad.

Pie: Blanco, robusto y duro.

Carne: Firme. Blanca. Olor agradable.

Esporas: Color salmón.

Hábitat: Bosque de frondosas. Verano-otoño.

Observaciones: Muy tóxica. Causa intoxicaciones al confundirla con la Lepista nebularis.

Pesquerín (Piloña)

GERRONEMA UMBILICATUM. *Clitocybe umbilicata*

Sombrero: 2- 6 cm. Convexo umbilicado. Pardo. Superficie fibrilada. Margen enrollado.

Himenio: Láminas muy decurrentes y separadas, más claras que el sombrero.

Pie: Largo y delgado, fistuloso, del color del sombrero, más claro en la base.

Carne: Delgada. Blanco sucio.

Esporas: Blancas.

Hábitat: Bosques de caducifolios. Otoño.

Observaciones: Sin valor culinario.

Bosque de Peloño (Ponga)

GYMNOPILUS SPECTABILIS

Sombrero: 4-12 cm. Convexo, mamelonado. Superficie fibrilosa. Anaranjado.

Himenio: Láminas escotadas. De amarillo a pardo azafranado.

Pie: Cilíndrico, con anillo membranoso. Más claro que el sombrero.

Carne: Firme. Amarillenta. Olor agradable.

Esporas: Ocres.

Hábitat: Troncos, tocones o restos de madera. Verano-Otoño.

Observaciones: Incomestible por su mal sabor.

Castiello (Gijón)

HEBELOMA EDURUM

Sombrero: 4-8 cm. Carnoso. Convexo. Margen estriado. Ocre.

Himenio: Láminas escotadas. Apretadas. No lacrimosas. Color carne.

Pie: Macizo. Engrosado en la base. Sin cortina. Color crema.

Carne: Compacta. Blanca. Olor afrutado.

Esporas: Pardas.

Hábitat: Crece en bosques de planifolios y coníferas. Formando grandes corras. Otoño.

Observaciones: Tóxico.

Tuero (Villaviciosa)

HYGROCYBE CALYPTRAEFORMIS

Sombrero: 3-7 cm. De cónico a aplanado. Fisurado. Mamelonado. Rosa.

Himenio: Láminas adherentes. Separadas. Rosa.

Pie: Alargado. Cilíndrico. Un poco retorcido. Blanco rosado.

Carne: Delgada. Frágil. De color blanco rosado. Inodora.

Esporas: Blancas.

Hábitat: Crece en pastizales y jardines. Otoño.

Observaciones: Comestible.

La Roza (Parres)

HYGROCYBE CANTHARELLUS

Sombrero: 2-4 cm. De convexo a aplanado y deprimido en el centro. Escarlata.
Himenio: Láminas decurrentes, gruesas y separadas. Blanco.
Pie: Largo y delgado. Frágil. Escarlata.
Carne: Escasa. Olor agradable.
Esporas: Blancas.
Hábitat: Pastizales. Otoño.
Observaciones: Sin valor culinario.

La Olla (Gijón)

HYGROCYBE CHLOROPHANA. Higroforo amarillo

Sombrero: 2-6 cm. De convexo a aplanado. Viscoso. Amarillo.
Himenio: Láminas adherentes. Separadas. Gruesas. Amarillo claro.
Pie: Cilíndrico. Alargado. Viscoso. Amarillo.
Carne: Delgada. Frágil. Cérea. Amarillo claro. Inodora.
Esporas: Blancas.
Hábitat: Crece en pastizales. Otoño.
Observaciones: Comestible.

Sorribas (Piloña)

HYGROCYBE COCCINEA. Hygrophorus coccineus

Sombrero: 2-6 cm. De campanulado a aplanado. Ligeramente viscoso. Color rojo intenso que vira al anaranjado.

Himenio: Láminas separadas. Decurrentes por un diente. Color anaranjado. Borde amarillo.

Pie: Hueco. Comprimido. De rojo intenso a anaranjado.

Carne: Escasa. Cérea. Frágil. Roja. Sabor dulce. Inodora.

Esporas: Blancas.

Hábitat: Prados y pastizales. Otoño.

Observaciones: Comestible.

La Roza (Parres)

HYGROCYBE NIGRESCENS

Sombrero: 2-7 cm. De cónico a aplanado, muy mamelonado. De rojo anaranjado a amarillo sucio que se torna negro con la edad. Superficie viscosa.

Himenio: Láminas libres, gruesas y separadas. Blanco a amarillo pálido que ennegrece con la madurez.

Pie: Cilíndrico, hueco, frágil. Amarillo limón, ennegrece con la edad.

Carne: Delgada y frágil. Anaranjada en el sombrero.

Esporas: Blancas.

Hábitat: Prados y pastizales. Otoño-invierno.

Observaciones: Sin valor culinario.

Les Bedules, Peloño (Ponga)

HYGROCYBE PUNICEA. Higroforo rojo

Sombrero: 5-10 cm. De convexo a aplanado. Viscoso. Escarlata.
Himenio: Láminas libres. Separadas. Gruesas. Amarillas.
Pie: Cilíndrico. Atenuado en la base. Hueco. De amarillo a escarlata.
Carne: Delgada. Frágil. De color blanco anaranjado. Inodora.
Esporas: Blancas.
Hábitat: Crece en prados y pastos. Otoño-invierno.
Observaciones: Buen comestible.

El Tragamón (Gijón)

HYGROPHORUS EBURNEUS

Sombrero: 4-10 cm. De convexo a aplanado. Viscoso. Margen enrollado. Blanco.

Himeneo: Láminas decurrentes. Separadas. Gruesas. Blancas.

Pie: Alargado. Cilíndrico. Verrugoso. Apuntado. Blanco. Frágil.

Carne: Cérea. Blanca. Olor a parafina.

Esporas: Blancas.

Hábitat: Crece en bosques de caducifolios. Otoño-invierno.

Valles (Piloña)

HYPHOLOMA FASCICULARE

Sombrero: 3-7 cm. Escaso de carne. Convexo. Liso. Con restos de cortina en el margen. De color pardo amarillo, más intenso en el centro.

Himenio: Láminas adherentes. Apretadas. Verdes.

Pie: Esbelto. Cilíndrico, con restos de cortina. Crema.

Carne: Escasa. Elástica. Amarilla. Olor desagradable.

Esporas: Pardas.

Hábitat: En bosques mixtos sobre tocones. Todo el año.

Observaciones: Tóxico.

Peón (Villaviciosa)

INOCYBE FASTIGIATA

Sombrero: 3-7 cm. De cónico a cóncavo y mamelonado. Con fibras radiales. Borde hendido. Color ocre pajizo.

Himenio: Láminas apretadas. De amarillo pálido a pardas con la edad.

Pie: Esbelto. Engrosado en la base. Lleno. Fibroso. Pálido.

Carne: Fibrosa. Blanca. Olor espermático. Insípida.

Esporas: Pardas.

Hábitat: Pastizales y bosques. Verano-otoño.

Observaciones: Venenosa.

Villamayor (Piloña)

LACCARIA AMETHIYSTINA. Lacaria amatista.

Sombrero: 2-4 cm. Primero convexo, luego plano, finalmente deprimido. En casos, lobado. Escamoso. Violeta.

Himenio: Láminas poco decurrentes. Separadas. Violetas.

Pie: Fibroso. Esbelto. Violeta. Algodonoso, de color azul violáceo en la base.

Carne: Delgada. Fibrosa. Violeta. Inodora.

Esporas: Blancas.

Hábitat: Bosques de coníferas y caducifolios. Primavera-otoño.

Observaciones: Comestible.

Pesquerín (Piloña)

LACCARIA BICOLOR

Sombrero: 2-5 cm. De convexo a aplanado. A veces, deprimido. Margen lobado en ocasiones. Escamoso. Color ladrillo.

Himenio: Láminas adherentes. Separadas. Aserradas. Lilas.

Pie: Cilíndrico. Largo. Radicante. Color ladrillo. Violeta en la base. Micelio algodonoso.

Carne: Escasa. Elástica. Rosada. Olor fúngico.

Esporas: Blancas.

Hábitat: Bosques de coníferas y caducifolios. Otoño.

Observaciones: Comestible.

La Viesca, Sueve (Colunga)

LACCARIA LACCATA

Sombrero: 2-5 cm. De convexo a aplanado. A veces, deprimido. Margen estriado. Escamoso. Ladrillo.

Himenio: Láminas adherentes. Separadas. Gruesas. Rosas.

Pie: Cilíndrico. Bulboso. Fibroso. Color ladrillo. Restos blancos de micelio en la base.

Carne: Escasa. Rosa. Inodora.

Esporas: Blancas.

Hábitat: Crece en bosques de coníferas y caducifolios. Otoño.

Observaciones: Comestible.

Mestas de Con (Cangas de Onís)

LEPIOTA CRISTATA

Sombrero: 2-5 cm. De campanulado a plano, mamelonado. Blanco con mamelón central pardusco. Escamas pardas sobre la superficie.

Himenio: Láminas libres y apretadas. Blancas.

Pie: Delgado y largo, hueco. Blanco, con anillo membranoso fugaz.

Carne: Blanca. Olor desagradable.

Esporas: Transparentes.

Hábitat: Bosques, prados y jardines.

Observaciones: Sabor muy desagradable.

Llano de Con (Cangas de Onís)

LEPIOTA IGNIVOLVATA

Sombrero: 4-8 cm. Convexo, mamelonado. Blanco con mamelón central pardo y escamas pardas en la superficie.

Himenio: Láminas libres y apretadas. Blanco.

Pie: Delgado, largo y bulboso. Blanco, con anillo más o menos neto.

Carne: Blanca. Olor a nabo.

Esporas: Blancas.

Hábitat: Bosques. Verano-Otoño.

Observaciones: Buen comestible.

Abres (Vegadeo)

LEPISTA NEBULARIS. Pardilla

Sombrero: 5-15 cm. Carnoso. Convexo. Brillante. Margen enrollado. Gris.
Himenio: Láminas poco decurrentes. Apretadas. Color crema.
Pie: Robusto. Engrosado en la base. Blanquecino.
Carne: Maciza. Blanco. Olor muy fuerte.
Esporas: Color crema.
Hábitat: Crece en bosque de coníferas y caducifolios. Otoño.
Observaciones: Buen comestible. Mal tolerado por algunas personas. Posible confusión con el Entoloma lividum, el cual no tiene láminas decurrentes.

Cue (Llanes)

LEPISTA NUDA. *Tricholoma nudum.* Seta de pie azul

Sombrero: 5-15 cm. Carnoso. Convexo. Mamelonado. Margen ligeramente enrollado. Violeta, con el centro marrón.

Himenio: Láminas escotadas. Apretadas. A veces, decurrentes por un diente. Violetas.

Pie: Cilíndrico. Lleno. Fibroso. Violeta. Restos de micelio.

Carne: Tierna. Violeta claro. Olor agradable.

Esporas: Violetas.

Hábitat: En bosques y pastizales. Otoño-Invierno.

Observaciones: Comestible.

Careñes (Villaviciosa)

LEPISTA RICKENII.

Tricholoma panaeolulus. Seta de brezo. Pardina

Sombrero: 4-12 cm. De convexo a aplanado. Color claro con manchas concéntricas más oscuras. Margen enrollado.

Himenio: Láminas adherentes apretadas de color pardo claro.

Pie: Cilíndrico, macizo, de color parecido a las láminas.

Carne: Blanca. Olor a harina.

Esporas: Rosadas.

Hábitat: En prados, entre el brezo. Otoño.

Observaciones: Buen comestible, un poco picante.

Castiello (Gijón)

LEUCOAGARICUS PUDICUS.

Lepiota naucina. Lepiota blanca

Sombrero: 5-10 cm. Carnoso. Convexo. Superficie mate. Blanco.

Himenio: Láminas libres. Apretadas. Blancas.

Pie: Esbelto. Cilíndrico. Con anillo caduco. Blanco. El anillo es del color del pie.

Carne: Tierna. Blanca. Olor agradable.

Esporas: Blancas.

Hábitat: Crece en pastizales y terrenos de labor. Otoño.

Observaciones: Buen comestible.

Museo Evaristo Valle (Gijón)

LEUCOCOPRINUS BIRNBAUMII

Sombrero: 3-6 cm. De campanulado a aplanado, pero siempre mamelonado. Amarillo azufre. Superficie cubierta de pequeñas escamas más oscuras.
Himenio: Láminas libres. Amarillas.
Pie: Cilíndrico, bulboso. Amarillo, con anillo membranoso y fugaz.
Carne: Escasa. Amarilla. Olor débil.
Esporas: Blancas.
Hábitat: Invernaderos, jardines y tiestos con flores. Todo el año.
Observaciones: Especie introducida en Europa, procedente de zonas tropicales.

Fotografía: Poreño (Villaviciosa)

MACROLEPIOTA MASTOIDEA

Sombrero: 5-12 cm. De campanulado a convexo, mamelonado. Superficie blanca cubierta de escamas marrones que se concentran en el mamelón.

Himenio: Láminas libres y anchas, de color blanco que se ensucia con la edad.

Pie: Largo, delgado y bulboso, con anillo simple. Blanco con escamas marrones como el sombrero.

Carne: Espesa y tierna. Blanca. Olor agradable.

Esporas: Blancas.

Hábitat: En bosques y prados de montaña.Verano-Otoño.

Observaciones: Buen comestible.

Les Bedules, Peloño (Ponga)

MACROLEPIOTA PROCERA. *Lepiota procera*

Sombrero: 10-25 cm. De campanulado a aplanado. Mamelonado. Escamoso. Blanco, con escamas marrones.

Himenio: Láminas escotadas. Apretadas. Blancas.

Pie: Esbelto. Fibroso. Hueco, con anillo doble. Separable del sombrero. Blanco, con escamas marrones.

Carne: Tierna. Blanca. Olor a nuez verde.

Esporas: Blancas.

Hábitat: Crece en bosques y pastos. Otoño.

Observaciones: Excelente comestible.

Cereceda (Piloña)

MARASMIUS ALBUSCORTICIS

Sombrero: 0,5-1,5 cm. Descarnado. Convexo. Traslúcido. Blanco.

Himenio: Láminas adherentes. Decurrentes. Separadas. Blancas.

Pie: Corto. Cartilaginoso. Blanco. Levemente grisáceo en la base.

Carne: Escasa. Cérea. Blanca. Inodora.

Esporas: Blancas.

Hábitat: Sobre restos leñosos de caducifolios. Verano-otoño.

La Viesca, Sueve (Colunga)

MARASMIUS ALLIACEUS

Sombrero: 1-4 cm. Cónico y campanulado. Escaso de carne. Margen estriado. Color crema.

Himenio: Láminas adherentes. Apretadas. Rosas.

Pie: Largo. Delgado. Fistuloso. Base radicante. Casi negro.

Carne: Escasa. Rosa. Olor intenso a ajo.

Esporas: Blancas.

Hábitat: Crece sobre madera de frondosas. Otoño.

Puerto de San Lorenzo (Teverga)

MARASMIUS OREADES. Senderuela

Sombrero: 2-5 cm. De convexo a aplanado. Mamelonado. Margen estriado. Color café con leche.

Himenio: Láminas libres. Separadas. Más claras que el sombrero.

Pie: Esbelto. Lleno. Fibroso, se resiste a ser partido con los dedos. Base tomentosa. Blanco.

Carne: Escasa. Frágil. Blanca. Olor agradable.

Esporas: Blancas.

Hábitat: En pastizales formando corras. Primavera-otoño.

Observaciones: Buen comestible. Se deseca con facilidad.

La Viesca, Sueve (Colunga)

MARASMIUS ROTULA

Sombrero: 0,5-1,5 cm. Convexo. Umbilicado. Acanalado. Asemeja un paracaídas. Blanco.

Himenio: Láminas adherentes. Espaciadas. Blancas.

Pie: Consistente. Cilíndrico. Negro. Gris en la parte alta.

Carne: Insignificante. Blanca. Inodora.

Esporas: Blancas.

Hábitat: Crece sobre restos de madera de caducifolios. Primavera-otoño.

Collada de la Fumarea (Sariego)

MELANOLEUCA GRAMMOPODIA

Sombrero: 5-10 cm. De convexo a aplanado. Mamelonado. Color gris pardo.

Himenio: Láminas apretadas. Marginadas. Blancas.

Pie: Esbelto. Lleno. Engrosado en la base. Gris pardo.

Carne: Blanda. Blanca.

Esporas: Blancas.

Hábitat: Pastizales y bosques de coníferas y caducifolios. Verano-otoño.

Observaciones: Comestible.

Sorribas (Piloña)

MYCENA CHLORINELLA

Sombrero: 0,5- 3 cm. De campanulado a convexo. Margen estriado. Viscoso con la humedad. Pardo negruzco.

Himenio: Láminas libres. Separadas. Blanco grisáceo.

Pie: Frágil. Pardo negruzco.

Carne: Escasa. Gris. Olor nitroso.

Esporas: Blancas.

Hábitat: Crece en bosques de planifolios.

Observaciones: No comestible.

Cereceda (Piloña)

MYCENA PRAECOX

Sombrero: 1,5 -3,5 cm. De campanulado a convexo. Levemente mamelonado. Margen estriado. Gris.

Himenio: Láminas separadas. Blancas.

Pie: Esbelto. Frágil. Hueco. Piloso en la base. Gris.

Carne: Escasa. Blanca. Olor a rábano.

Esporas: Blancas.

Hábitat: Crece sobre restos de madera de frondosas. Primavera-otoño.

Collada de la Fumarea (Sariego)

MYCENA SEYNII. Micena de las piñas

Sombrero: 1,5-3 cm. Cónico y campanulado. Mamelonado. Margen estriado. Ocre.

Himenio: Láminas separadas. Ocre.

Pie: Cilíndrico. Bulboso. Rosa. Base pilosa y blanca.

Carne: Escasa. Frágil. Blanca. Inodora.

Esporas: Blancas.

Hábitat: Crece sobre las piñas caídas.

Bosque de Peloño (Ponga)

MYCENA INCLINATA

Sombrero: 2-4 cm. Campanulado. Tostado más o menos claro. Margen estriado.
Himenio: Láminas separadas. Blancas.
Pie: Muy largo y delgado. Castaño. Se une en la base con otros pies.

Carne: Escasa y frágil. Blanca.
Esporas: Blancas.
Hábitat: Sobre tocones y ramas de frondosa. Otoño.
Observaciones: Sin valor culinario.

La Viesca, Sueve (Colunga)

OUDOMANSIELLA MUCIDA. Mucidula mucida

Sombrero: 3-10 cm. De convexo a aplanado. Muy viscoso. Traslúcido. Blanco.

Himenio: Láminas adherentes. Separadas. Gruesas. Blancas.

Pie: Cilíndrico. Bulboso. Fibroso. Con anillo membranoso. Blanco. Se oscurece en la base.

Carne: Escasa. Blanca. Inodora.

Esporas: Blancas.

Hábitat: Crece sobre troncos de haya. Otoño.

Carúa, Villamayor (Piloña)

PANAEOLUS CAMPANULATUS.

Panaeolus papilionaceus

Sombrero: 2-4 cm. Campanulado. Satinado. Margen a veces hendido. Marrón grisáceo.

Himenio: Láminas adherentes. Separadas. Grises.

Pie: Esbelto. Cilíndrico. Fibroso. Gris.

Carne: Escasa. Gris. Inodora.

Esporas: Negras.

Hábitat: Prados abonados o sobre estiércol. Primavera-otoño.

Observaciones: Alucinógena.

Bosque de Peloño (Ponga)

PHOLIOTA AURIVELLA

Sombrero: 4-10 cm. De campanulado a convexo y extendido, mamelonado. Margen enrollado. Superficie amarilla con escamas de color ámbar.

Himenio: Láminas escotadas de color amarillo que se ensucia con la edad.

Pie: Delgado y largo, muchas veces curvado, del mismo color que el sombrero.

Carne: Firme. Amarilla. Olor débil.

Esporas: Pardas.

Hábitat: Sobre troncos y tocones. Primavera-Verano.

Observaciones: Sin valor culinario.

Mestas de Con (Cangas de Onís)

PLUTEUS LEONINUS

Sombrero: 2-5 cm. De convexo a aplanado. Amarillo. Margen estriado.
Himenio: Láminas libres y apretadas. De amarillo a rosa en la madurez.

Pie: Largo y delgado. Blanquecino, se difumina hasta el amarillo sucio de la base.
Carne: Escasa, frágil. Blanca.
Esporas: Pardas.
Hábitat: Sobre restos de madera
Observaciones: Sin valor culinario.

Niévares (Villaviciosa)

PLUTEUS PESATUS

Sombrero: 4-12 cm. De campanulado a convexo extendido. Superficie blanquecina con escamas marrones en el centro.
Himenio: Láminas libres primero blanquecinas y luego rosadas.
Pie: Cilíndrico y macizo. Blanco.

Carne: Blanquecina. Olor desagradable.
Esporas: Rosas.
Hábitat: Sobre madera muerta de planifolios. Otoño.
Observaciones: Comestible muy mediocre.

Alea (Ribadesella)

PSATHYRELLA CANDOLLEANA. Satirela blanca

Sombrero: 2-5 cm. Poco carnoso. Convexo. Mamelonado. En el margen, mantiene restos del velo. Color crema.

Himenio: Láminas escotadas. Apretadas. Violeta sucio.

Pie: Esbelto. Frágil. Hueco. Blanco. Con fibras negras.

Carne: Escasa. Frágil. Blanca. Inodora.

Esporas: De color pardo púrpura.

Hábitat: En grupos en bosques y jardines. Primavera-otoño.

Observaciones: Tóxico.

Bosque de Peloño (Ponga)

PSEUDOCLITOCYBE CYATHIFORMIS

Sombrero: 4-8 cm. Convexo y umbilicado. Pardo grisáceo. Margen levemente estriado.

Himenio: Láminas muy decurrentes, bifurcadas. Blanco sucio.

Pie: Cilíndrico, hueco, un poco más claro que el sombrero.

Carne: Elástica. Gris. Olor agradable.

Esporas: Blancas.

Hábitat: Sobre humus de planifolios y coníferas. Otoño-invierno.

Observaciones: Comestible mediocre.

Beluenzu, Sueve (Parres)

STROPHARIA SEMIGLOBATA

Sombrero: 1-3 cm. De campanulado a convexo. Brillante. Viscoso con la humedad. Amarillo verdoso.

Himenio: Láminas adherentes. Separadas. Pardas.

Pie: Esbelto. Cilíndrico. Bulboso. Amarillento. Restos oscuros del anillo.

Carne: Escasa. Crema. Olor fúngico suave.

Esporas: Negras.

Hábitat: Sobre restos de estiércol. Primavera-otoño.

Moñes (Piloña)

TRICHOLOMA COLUMBETA. Palomita

Sombrero: 5-10 cm. De convexo a aplanado. Margen al principio enrollado. Blanco.

Himenio: Láminas escotadas. Apretadas. Dentadas. Blancas.

Pie: Fibroso. Lleno. Atenuado en la base. Blanco. Manchas azules en la base.

Carne: Espesa. Blanda. Blanca. Olor ligero a harina.

Esporas: Blancas.

Hábitat: En bosques de frondosas y coníferas. Otoño.

Observaciones: Buen comestible.

La Roza (Parres)

TRICHOLOMA ECUESTRE. Seta de los caballeros

Sombrero: 6-12 cm. De convexo a aplanado, a veces giboso. Superficie amarillenta con escamas de color pardo.

Himenio: Láminas libres de color amarillo.

Pie: Cilíndrico. Amarillo, con fibras oscuras.

Carne: Firme. Amarillenta.

Esporas: Blancas.

Hábitat: Bosques de coníferas. Otoño.

Observaciones: Excelente comestible, aunque se ha descrito algún caso de intoxicación mortal debido a una ingesta excesiva.

Moñes (Piloña)

TRICHOLOMA SAPONACEUM

Sombrero: 4-12 cm. De convexo a aplanado. Superficie lisa y brillante. Del blanco al pardo verdoso, más oscuro en el centro.

Himenio: Láminas escotadas, separadas y blanquecinas.

Pie: Cilíndrico, macizo, radicante. De color blanquecino.

Carne: Blanca con manchas rosas. Olor a jabón.

Esporas: Blancas.

Hábitat: Bosques de planifolios y coníferas. Otoño.

Observaciones: Ligeramente tóxica.

Sorribes (Piloña)

TRICHOLOMA SQUARRULOSUM.

Tricoloma escamoso

Sombrero: 4-8 cm. Carnoso. De convexo a aplanado. Escamoso. Margen lanoso. Gris.

Himenio: Láminas escotadas. Apretadas. Blancas.

Pie: Macizo. Cilíndrico. Escamoso. Gris.

Carne: Compacta. Firme. Blanca. Olor afrutado.

Esporas: Blancas.

Hábitat: Crece en bosques de caducifolios. Otoño.

Observaciones: Comestible.

Villamayor (Piloña)

TRICHOLOMA SULPHUREUM

Sombrero: 3-8 cm. De campanulado a convexo. Cutícula lisa, seca. Amarillo azufre.

Himenio: Láminas escotadas. Separadas. Amarillo azufre.

Pie: Esbelto. Fibroso. Cilíndrico. Amarillo azufre.

Carne: Escasa. Firme. Amarillo azufre. Olor característico a gas del alumbrado.

Esporas: Blancas.

Hábitat: Crece en bosques de coníferas y caducifolios.

Observaciones: Tóxico.

Soto de Luiña (Cudillero)

TRICHOLOMPSIS RUTILANS

Sombrero: 5-15 cm. Carnoso. Convexo. Verrugoso y escamoso. Anaranjado.
Himenio: Láminas adherentes. Apretadas. Amarillas.
Pie: Robusto. Cilíndrico. Amarillo. Moteado de púrpura hacia la base.
Carne: Espesa. Firme. Amarillenta.
Esporas: Blancas.
Hábitat: Entre raíces y troncos de coníferas. Primavera-otoño.
Observaciones: Comestible.

Arnao (Castropol)

VOLVARIELLA SPECIOSA

Sombrero: 5-10 cm. De campanulado a aplanado. Del blanco sucio a gris oliváceo. Superficie viscosa en tiempo húmedo con restos del velo.

Himenio: Láminas libres y apretadas, primero blancas y luego rosadas.

Pie: Largo y delgado, sin anillo. Volva blanca.

Carne: Blanda. Blanca.

Esporas: Rosas.

Hábitat: Prados ricos en humus. Primavera-verano.

Observaciones: Sin valor culinario, durante mucho tiempo fue considerada venenosa.

El Tragamón (Gijón)

VOLVARIELLA VOLVACEA

Sombrero: 4-10 cm. De convexo a aplanado. Escamoso. Gris.
Himenio: Láminas libres. Apretadas. Blancas.
Pie: Estriado. Sin anillo. Con volva de saco. Blanco. Volva de color gris.

Carne: Compacta. Blanda. Blanca. Inodora.
Esporas: Rosas.
Hábitat: Sobre restos leñosos de caducifolios. Otoño.
Observaciones: Comestible.

Pastur (Illano)

LACTARIUS BLUMII

Sombrero: 4-10 cm. Al principio convexo, luego deprimido en el centro. Superficie de rosa a naranja pálido, lanosa y con margen enrollado.

Himenio: Láminas decurrentes. Blanco rosado.

Pie: Cilíndrico, hueco con la edad, del mismo color que el sombrero.

Carne: Dura. Blanca. Acre. Látex blanco.

Esporas: Color crema.

Hábitat: Bosques. Verano-otoño.

Observaciones: Tóxico.

Prendes (Carreño)

LACTARIUS DELICIOSUS. Níscalo. Mízcalo

Sombrero: 5-12 cm. Carnoso. De convexo a deprimido. Margen enrollado. Zonado. Naranja.

Himenio: Láminas decurrentes. Apretadas. Color naranja. Verdosas con la edad.

Pie: Cilíndrico. Corto. Hueco. Naranja.

Carne: Dura. Frágil. Naranja. Segrega látex de color anaranjado.

Esporas: Blancas.

Hábitat: Crece en bosques de coníferas. Otoño.

Observaciones: Buen comestible.

Perlora (Carreño)

PECKIELLA LATERITIA

Aspecto: Hongo parásito de los lactarios de látex rojo. Impide el crecimiento normal de sus láminas, tiñéndolas de blanco. La carne se hace más compacta, aumentando el tamaño de la seta.

Observaciones: Parasita también otros lactarios, rúsulas y poliporos. Comestible. Mejora la calidad gastronómica de la seta que parasita.

Soto de Dueñas (Parres)

LACTARIUS PIPERATUS. Lactario pimentero

Sombrero: 3-15 cm. De convexo a deprimido. Carnoso. Margen enrollado. Blanco.

Himenio: Láminas decurrentes. Muy apretadas. Blancas.

Pie: Duro. Lleno. Liso. Blanco.

Carne: Dura. Frágil. Blanca. Látex blanco muy picante.

Esporas: Blancas.

Hábitat: Crece en bosques de coníferas y caducifolios. Verano-otoño.

Observaciones: No comestible por picante.

Pesquerín (Piloña)

LACTARIUS RUFUS

Sombrero: 3-8 cm. De convexo a aplanado, ligeramente deprimido en el centro. Superficie lisa. Del pardo rojizo al castaño.

Himenio: Láminas decurrentes de color blanco, cremosas al madurar.

Pie: Cilíndrico, macizo. Gris rojizo.

Carne: Dura. Blanca. Olor muy débil y acre. Látex blanco.

Esporas: Blancas.

Hábitat: Bosques de coníferas. Verano-Otoño

Observaciones: No comestible por picante.

Pesquerín (Piloña)

LACTARIUS VELLEREUS. Lactario aterciopelado

Sombrero: 8-20 cm. De convexo a deprimido. Aterciopelado. Margen enrollado en los jóvenes. Blanco.

Himenio: Láminas decurrentes. Separadas. Blancas.

Pie: Corto. Duro. Lleno. Blanco.

Carne: Dura. Frágil. De blanco a crema. Látex blanco muy picante.

Esporas: Blancas.

Hábitat: Crece en bosques de caducifolios. Otoño.

Observaciones: No comestible por picante.

La Cueva, Villamayor (Piloña)

LACTARIUS VOLEMUS. Lactario anaranjado

Sombrero: 5-15 cm. Carnoso. De convexo a deprimido. Margen enrollado. Naranja.
Himenio: Láminas decurrentes. Apretadas. Ocre.
Pie: Robusto. Lleno. Cilíndrico. Naranja pálido.
Carne: Dura. Frágil. Blanca. Látex blanco abundante y dulce.
Esporas: Blancas.
Hábitat: Crece en bosques de caducifolios. Verano.
Observaciones: Comestible.

Miyares (Piloña)

LACTARIUS ZONARIUS. Falso níscalo

Sombrero: 5-12 cm. De convexo a aplanado. Zonado. En ocasiones, lobado. Ocre.

Himenio: Láminas decurrentes. Apretadas. Blancas.

Pie: Corto. Cilíndrico. Hueco. Crema.

Carne: Compacta. Frágil. De color crema. Látex blanco muy picante.

Esporas: Blancas.

Hábitat: Bosques de coníferas y caducifolios. Otoño.

Observaciones: No comestible por picante.

Tuero (Villaviciosa)

RUSSULA AERUGINEA

Sombrero: 5-10 cm. Carnoso. De convexo a deprimido. Cutícula brillante. Gris verdoso. Color más oscuro en el centro.

Himenio: Láminas adherentes. Apretadas. Crema.

Pie: Macizo. Lleno. Atenuado en la base. Blanco.

Carne: Compacta. Frágil pero firme. Blanca. Inodora. Dulce.

Esporas: Color crema.

Hábitat: Crece en bosques de coníferas y caducifolios. Verano-otoño.

Observaciones: Buen comestible.

El Fito (Parres)

RUSSULA CAERULEA

Sombrero: 5-12 cm. De convexo a aplanado. Mamelonado. Margen estriado. Color púrpura oscuro.

Himenio: Láminas apretadas. Libres. Color crema.

Pie: Cilíndrico apuntado. Blanco.

Carne: Dura. Frágil. Harinosa. Blanca. Dulce.

Esporas: Ocres.

Hábitat: Solamente bajo coníferas. Verano-otoño.

Observaciones: Comestible mediocre.

La Cruz de Peón (Villaviciosa)

RUSSULA CYANOXANTA. Carbonera

Sombrero: 5-12 cm. Carnoso. De convexo a aplanado y levemente deprimido con manchas oscuras. Margen ligeramente estriado. Gris violáceo.

Himenio: Láminas adherentes. Apretadas. Blancas.

Pie: Cilíndrico. Apuntado. Lleno. Frágil. Blanco.

Carne: Harinosa. Firme pero frágil. Blanca. Inodora. Dulce.

Esporas: Blancas.

Hábitat: Crece entre coníferas y caducifolios. Verano-otoño.

Observaciones: Excelente comestible.

Nevares (Parres)

RUSSULA EMETICA

Sombrero: 3-9 cm. De convexo a aplanado. Cutícula viscosa. Rojo.
Himenio: Láminas adherentes. Separadas. Blancas.
Pie: Cilíndrico. Rugoso. Frágil. Blanco.

Carne: Tierna. Frágil. Blanca. Olor agradable. Muy picante.
Esporas: Blancas.
Hábitat: Crece entre coníferas y caducifolios. Otoño.
Observaciones: Tóxica.

El Tragamón (Gijón)

RUSSULA FOETENS. Rúsula fétida

Sombrero: 5-15 cm. De convexo a aplanado. Cutícula viscosa. Margen estriado. Ocre.

Himenio: Láminas adherentes. Separadas. Delgadas. Blancas.

Pie: Macizo. Cilíndrico. Apuntado. Cavernoso. Blanco.

Carne: Espesa. Frágil. Blanca. Olor desagradable a lejía. Picante.

Esporas: Blancas.

Hábitat: Crece en bosques de caducifolios. Verano-otoño.

Observaciones: Tóxica.

Soto de Dueñas (Parres)

RUSSULA NIGRICANS. Rúsula ennegrecida

Sombrero: 5-15 cm. Convexo, deprimido en el centro. De blanco a marrón grisáceo.

Himenio: Láminas separadas. Muy gruesas. Color salmón pálido.

Pie: Macizo. Cilíndrico. Cavernoso. Blanco sucio. Hueco con la edad.

Carne: Harinosa. Dura. Frágil. Blanca. Rojiza en las heridas.

Esporas: Blancas.

Hábitat: Crece entre caducifolios y coníferas. Verano-otoño.

Observaciones: No comestible por picante y levemente tóxica.

Pesquerín (Piloña)

ASTEROPHORA LYCOPERDIOIDES

Sombrero: 1-3 cm. Hemisférico. Blando. Borde muy enrollado. Color gamuza.

Himenio: Láminas no desarrolladas. Estériles.

Pie: Ondulado. Fibroso. Color blanco que tiende a oscurecer.

Carne: Blanda. Blanca. Olor desagradable a pescado podrido.

Esporas: Blancas.

Hábitat: Sobre rúsulas del grupo Nigricantinae. Verano-otoño.

Gamonedo (Cangas de Onís)

RUSSULA PSEUDOINTEGRA

Sombrero: 5-10 cm. De convexo a aplanado. Rojo. Superficie lisa.
Himenio: Láminas adherentes apretadas. Del blanco al crema con la edad.
Pie: Cilíndrico. Macizo. Blanco.
Carne: Dura. Blanca. Sabor acre.
Esporas: Color crema.
Hábitat: Bosques de frondosas. Verano-otoño.
Observaciones: No comestible por picante.

La Olla (Gijón)

RUSSULA VESCA

Sombrero: 5-12 cm. Convexo. Deprimido. Sólido. Mate. Margen estriado. Rojizo.

Himenio: Láminas adherentes. Decurrentes. De color crema pálido.

Pie: Sólido. Apuntado. Lleno. Blanco.

Carne: Compacta. Sólida. Harinosa. De blanco a pardo. Olor y sabor agradables.

Esporas: Blancas.

Hábitat: Bosques de coníferas y caducifolios. Verano-otoño.

Observaciones: Buen comestible.

La Cueva, Villamayor (Piloña)

RUSSULA VIRESCENS. Gorro verde. Seta de cura

Sombrero: 5-15 cm. Carnoso. Convexo, deprimido en el centro. Agrietado. Margen hendido. Color cardenillo sobre blanco.

Himenio: Láminas adherentes. Apretadas. Frágiles. De color crema a blanco.

Pie: Macizo. Cilíndrico. Lleno. Blanco.

Carne: Compacta. Pesada. Blanca. Sabor dulce. Inodora.

Esporas: Blancas.

Hábitat: Crece en bosques de caducifolios. Verano-otoño.

Observaciones: Excelente comestible.

Nevares (Parres)

CANTHARELLUS CIBARIUS. Rebozuelo

Carpóforo: 2-10 cm. Con sombrero carnoso de convexo a deprimido. Lobado. Con pliegues decurrentes y bifurcados. Provisto de pie cilíndrico y lleno. Color amarillo.

Carne: Firme. De color blanco amarillento. Sabor dulce y olor afrutado.

Esporas: Amarillas

Hábitat: Crece especialmente en bosques de caducifolios. Todo el año.

Observaciones: Excelente comestible.

Moñes (Piloña)

CANTHARELLUS CINEREUS

Carpóforo: 2-4 cm. Forma circular umbilicada. Negro, con pliegues decurrentes grisáceos y pie hueco que oscurece hacia la base.

Carne: Escasa. Fibrosa. Grisácea. Olor agradable.

Esporas: Blancas.

Hábitat: Bosques de planifolios. Verano-otoño.

Observaciones: Buen comestible. Fácil de desecar.

San Martín de Bada (Parres)

CANTHARELLUS TUBAEFORMIS

Carpóforo: 2-5 cm. Forma irregular y umbilicada. Ocre amarronado. Margen enrollado. Pliegues pronunciados decurrentes. Gris pálido. Pie cilíndrico, hueco y amarillento.

Carne: Escasa. Elástica. Blanquecina. Olor débil.

Esporas: Color crema.

Hábitat: Sobre humus de bosques de coníferas y caducifolios.

Observaciones: Buen comestible. Fácil de desecar.

Moñes (Piloña)

CLAVARIA VERMICULARIS

Carpóforo: 5-10 cm de altura. Delgado. Sencillo. Frágil. Sin ramificar. Hueco con forma de lombriz. Ápice curvado. Blanco.

Carne: Escasa. Frágil. Blanca. Inodora.

Esporas: Marrones.

Hábitat: Crece en prados y claros de bosque. En grupos apretados. Otoño.

Observaciones: No comestible.

Moñes (Piloña)

CLAVULINA AMETHYSTINA. Clavaria amethystina

Carpóforo: 2-6 cm de altura. Densamente ramificado en penachos. Violeta pálido, más claro en la base.

Carne: Escasa. Cérea. Blanquecina. Inodora.

Esporas: Blancas.

Hábitat: Crece en prados y claros de bosque de frondosas. Otoño.

Huexes (Parres)

CLAVULINA CRISTATA. Clavaria cristata

Carpóforo: 2-5 cm de altura. En forma de tronco con múltiples ramificaciones, terminando en puntas agudas, crestadas. Blanco.

Carne: Escasa. Tenaz. Blanca. Sabor amargo. Olor fúngico.

Esporas: Blancas.

Hábitat: Crece en bosques de caducifolios y coníferas. Verano-otoño.

Gamonedo (Cangas de Onís)

CLAVULINA RUGOSA

Carpóforo: 4-8 cm de altura. Forma de clava simple o poco ramificada. Superficie rugosa con pliegues de color blanco sucio.

Carne: Blanquecina. Blanda. Olor fúngico.

Esporas: Transparentes.

Hábitat: Bosques. Verano-otoño.

Observaciones: Comestible muy mediocre.

Sorribas (Piloña)

CLAVULINOPSIS FUSIFORMIS

Carpóforo: 5-10 cm de altura. En forma de huso alargado. Sin ramificar. Cilíndrico y hueco. Ápice redondeado. Amarillo.
Carne: Escasa y fibrosa. Amarilla. Inodora.

Esporas: Blancas.
Hábitat: Crece en claros de bosque y en campos de brezo. Otoño.
Observaciones: Comestible.

Pesquerín (Piloña)

CLAVULINOPSIS HELVOLA. *Clavaria flammans*

Carpóforo: 2-6 cm de altura. En forma de clava. Sin ramificaciones. Lleno. Cilíndrico. Ápice redondeado. Amarillo.

Carne: Elástica y firme. Amarilla. Olor fúngico.

Esporas: Amarillas.

Hábitat: Crece entre musgo en bosques y pastizales. Otoño.

Moñes (Piloña)

CRATERELLUS CORNUCOPIOIDES.

Trompeta de los muertos

Carpóforo: 5-10 cm. En forma de embudo. Aterciopelado. Escamoso. Negro. Himenio rugoso de color gris. Provisto de pie cilíndrico apuntado y hueco.

Carne: Escasa. Elástica. Gris. Sabor dulce. Olor afrutado.

Esporas: Blancas.

Hábitat: Crece en bosques de caducifolios, preferentemente en hayas. Otoño.

Observaciones: Buen comestible. Fácil de desecar.

El Tragamón (Gijón)

FISTULINA HEPATICA. Lengua de buey

Carpóforo: 10-20 cm. En forma de lengua o riñón. Carnoso. Viscoso. Tubos cortos. Poros pequeños y redondos. Rojo.

Carne: Maciza. Fibrosa. Roja. Sabor ácido. Al corte, segrega un líquido rojizo.

Esporas: Rojas.

Hábitat: Parásita, preferentemente de robles y castaños. Verano-otoño.

Observaciones: Comestible. Se consume cruda en ensalada.

Vega del Color (Piloña)

FOMES FOMENTARIUS. Yesquero

Carpóforo: 10-40 cm. En forma de pezuña. Surcado concéntrico. Tubos largos. Poros pequeños y redondos. Haz gris. Envés blanco hasta el borde.

Carne: Coriácea. Gris. Olor fúngico.

Esporas: Grises.

Hábitat: Parásita de caducifolios, preferentemente de hayas. Todo el año.

Observaciones: Una vez desecado, se emplea como yesca.

Les Peruyales. Peloño (Ponga)

GANODERMA APPLANATUM. Yesquero aplanado

Carpóforo: 6-50 cm. Forma semicircular. Aplanado. Zonado. Mate. Pardo. Himenio con tubos finísimos y poros pequeños. Blanco.

Carne: Coriácea. Elástica. Blanca. Olor fúngico.

Esporas: Pardas.

Hábitat: Parásita de frondosas. Todo el año.

Observaciones: Una vez desecado, se emplea como yesca.

Meres (Siero)

GANODERMA LUCIDUM

Carpóforo: 3-10 cm. Zonado y brillante. Del amarillo ocre hasta el caoba. Forma semicircular con pie lateral del mismo color. Himenio formado por tubos finos blanquecinos.

Carne: Fibrosa. Dura. Tostada.
Esporas: Pardas.
Hábitat: Sobre tocones o raíces muertas de planifolios.
Observaciones: Sin valor culinario.

Sorribas (Piloña)

GANODERMA RESINACEUM

Carpóforo: Muy grande, puede alcanzar más de 30 cm. Más o menos semicircular. Zonado y brillante, adquiere la textura del corcho con la edad. Sin pie. Himenio blanco con tubos finos que oscurecen en la madurez.

Carne: Dura. Fibrosa. Tostada.
Esporas: Pardas.
Hábitat: Sobre troncos de roble. Todo el año.
Observaciones: No comestible.

Pesquerín (Piloña)

HYDNUM REPANDUM. Lengua de gato

Carpóforo: 6-12 cm. Con sombrero de convexo a deprimido. Giboso. Lobado. Himenio con aguijones frágiles y decurrentes. Provisto de pie corto, grueso y a veces excéntrico. De crema a blanquecino.

Carne: Sólida y frágil. Blanca. Inodora. Sabor ligeramente amargo.

Esporas: Blancas.

Hábitat: Crece en bosques de caducifolios. Otoño.

Observaciones: De joven, buen comestible.

Sorribas (Piloña)

HYDNUM RUFESCENS. Lengua de gato

Carpóforo: 2-6 cm. Con sombrero de convexo a aplanado. Color rojizo pálido. Himenio con aguijones frágiles no decurrentes. Blanquecino. Provisto de pie largo, delgado y lleno del color del himenio.

Carne: Granulada y frágil. Blanca. Sabor ligeramente amargo.

Esporas: Blancas.

Hábitat: Crece en bosques de caducifolios y coníferas. Otoño.

Observaciones: De joven, buen comestible.

La Hume, Sueve (Parres)

INONOTUS HISPIDUS. Yesquero erizado

Carpóforo: 10-30 cm. Forma semicircular. Cubierto de pelos hirsutos. imenio con tubos largos y poros pequeños. Ocre. Destila con frecuencia gotas de color ámbar.

Carne: Abundante. Coriácea. Amarilla.
Esporas: Amarillas.
Hábitat: Parásita de caducifolios, preferentemente álamos, olmos y fresnos. Verano-otoño.

Fíos (Parres)

LAETIPORUS SULPHUREUS. *Polyporus sulphureus*

Carpóforo: 10-40 cm. Forma semicircular con los bordes lobados. Compuesto de varios ejemplares superpuestos. Himenio con tubos cortos y poros pequeños que segregan ocasionalmente gotas amarillentas.

Carne: Coriácea y elástica. Blanca. Olor fúngico.

Esporas: Amarillentas.

Hábitat: Parásita de numerosos caducifolios. Rara en coníferas. Verano-otoño.

Cadavedo (Valdés)

PIPTOPORUS BETULINUS. Yesquero del abedul

Carpóforo: 10-12 cm. Forma semicircular. Aplanado. Borde redondeado. Satinado. Gris pardo. Himenio con tubos cortos y apretados. Poros pequeños. Blanco.

Carne: Coriácea. Frágil. Blanca. Olor fúngico.

Esporas: Blancas.

Hábitat: Parásita del abedul. Verano-otoño.

Peruyes (Cangas de Onís)

POLYPORUS SQUAMOSUS

Carpóforo: Muy grande, hasta 40 cm. Casi circular. Con escamas pardas concéntricas y margen levemente enrollado. Pie muy corto y excéntrico. Himenio de poros decurrentes de color blanco sucio.

Carne: Blanda, coriácea con la edad. Blanquecina. Fuerte olor fúngico.

Esporas: Blancas.

Hábitat: Sobre troncos de planifolios. Primavera-otoño.

Observaciones: No comestible.

Bosque de Peloño (Ponga)

POLYPORUS TUBERASTER

Carpóforo: 3-6 cm. Circular, deprimido en el centro. Superficie escamosa. Ocre. Himenio de tubos decurrentes blancos. Pie excéntrico del color del himenio y algo más ocre en la base.

Carne: De elástica a coriácea. Olor débil.
Esporas: Blancas.
Hábitat: Sobre restos de caducifolios. Verano-otoño.
Observaciones: Sin valor culinario.

Moñes (Piloña)

PSEUDOCRATERELLUS SINUOSUS.

Cantharellus sinuosus

Carpóforo: 2-5 cm. En forma de embudo, con el borde lobado e incluso crestado. Himenio con pliegues poco marcados. Decurrentes. Provisto de pie cilíndrico y hueco. De color gris, más oscuro en el sombrero.

Carne: Escasa y tierna. Gris claro. Dulce e inodora.

Esporas: Blancas.

Hábitat: Crece en bosque de caducifolios. Otoño.

Observaciones: Buen comestible. Fácil de desecar.

Vega del Color (Piloña)

RAMARIA AUREA

Carpóforo: 10-15 cm de altura. Tronco corto y macizo. Color crema. Muy ramificado. Ramas amarillo brillante que van al ocre con la edad. Extremo superior dentado.

Carne: Tierna, frágil y blanquecina. Sabor dulce. Olor fúngico.

Esporas: Ocres.

Hábitat: Humus de bosques de coníferas y caducifolios. Verano-otoño.

Miyares (Piloña)

RAMARIA FLAVA

Carpóforo: 6-10 cm. Parte de un gran pie blanco que se ramifica varias veces, generando ramas cilíndricas de color amarillo pálido.

Carne: Blanda. Blanca. Olor agradable.

Esporas: Ocres.

Hábitat: Bosques. Verano-otoño.

Observaciones: Comestible siendo joven.

Miyares (Piloña)

RAMARIA PALLIDA

Carpóforo: 6-10 cm de altura. Muy ramificado. Truncado en la base. Ramas apretadas terminadas en V. Ápice apuntado. Color café con leche, más claro en el ápice.

Carne: Consistente. Quebradiza. Blanca. Sabor de dulce a amargo.

Esporas: Amarillentas.

Hábitat: Crece en bosques caducifolios y de coníferas. Verano-otoño.

Observaciones: Tóxico.

Vega del Color (Piloña)

SARCODON IMBRICATUS

Carpóforo: 8-25 cm. de diámetro. Sombrero escamado de convexo a aplanado. Color tostado.Himenio formado por agujas espaciadas, frágiles y decurrentes. Provisto de pie corto y macizo, más claro que el sombrero.

Carne: Firme y tenaz. Del crema al pardo con la edad. Sabor amargo y olor desagradable.

Esporas: Ocres.

Hábitat: Bosque de coníferas. Verano-otoño.

Valles (Piloña)

STEREUM HIRSUTUM

Carpóforo: Formando costras de 1-5 cm de diámetro. Zonado. Cubierto de pelusa. Agrupándose varios ejemplares. Color amarillento, más claro en el himenio.
Carne: Escasa. Coriácea. Elástica. Blanca. Olor fúngico.
Esporas: Crema.
Hábitat: Madera de coníferas y caducifolios. Todo el año.
Observaciones: No comestible.

Bosque de Pome (Cangas de Onís)

TRAMETES HIRSUTA

Carpóforo: 3-9 cm. Semicircular. Zonado. Cespitoso. Blanco a gris claro y más tarde a marrón. Himenio de tubos blanquecinos. Sin pie.

Carne: De fibrosa a coriácea. Blanca. Olor agradable.

Esporas: Blancas.

Hábitat: Restos de madera de caducifolios.

Observaciones: No comestible.

Sorribas (Piloña)

TRAMETES VERSICOLOR.

Polyporus versicolor. Yesquero de color

Carpóforo: 3-12 cm. En forma de ostra. Zonado de colores. Aterciopelado. Himenio de poros pequeños. Color amarillento.

Carne: Escasa. Coriácea. Elástica. Blanca. Olor fúngico.

Esporas: Blancas.

Hábitat: Sobre todo tipo de maderas en descomposición. Todo el año.

Observaciones: Utilizado en decoración y bisutería.

Prunales (Parres)

AURICULARIA MESENTERICA

Carpóforo: 3-9 cm. Forma de oreja. La cara superior, zonada y cespitosa, de color gris pardo; la otra cara, gelatinosa, con pliegues de color gris violáceo. Sin pie.

Carne: Gelatinosa. Blanca.
Esporas: Blancas.
Hábitat: Sobre madera de caducifolios. Primavera-verano.
Observaciones: Sin valor culinario.

Cofiño (Parres)

TREMELLA ENCEPHALA

Carpóforo: 2-6 cm. Masa cerebriforme blanda y gelatinosa. Color ocre, crema o rosáceo.

Carne: De blanda a consistente en su interior. Elástica, de color blanco rosado. Olor fúngico.

Esporas: Blancas.

Hábitat: Restos de madera de coníferas. Otoño-primavera.

Sorribas (Piloña)

TREMELLA MESENTERICA

Carpóforo: 2-8 cm. Protuberancia gelatinosa en forma de orejas superpuestas. Plegado y lobado. Con circunvoluciones cerebriformes. Superficie lisa y brillante. Amarillo.

Carne: Gelatinosa. Tenaz. Amarilla. Olor levemente afrutado.

Esporas: Blancas.

Hábitat: Sobre troncos y ramas muertas de caducifolios. Otoño-invierno.

Calabrez (Ribadesella)

ANTHURUS ARCHERI. *Clathrus archeri*

Carpóforo: Inicialmente, en forma de huevo. Con la edad, rompe, saliendo cinco brazos que recuerdan una cabeza de calamar y se unen en un pie cilíndrico. El huevo, blanco. Brazos rojos con manchas negras. Pie blanco.

Carne: Blanda. Cavernosa. Color rosado. Hedionda.

Esporas: Blancas.

Hábitat: Crece en jardines, bosques y a orillas de ríos. Primavera-otoño.

Villar de la Cuesta (Parres)

ASTRAEUS HYGROMETRICUS. *Geastrum stellatum*

Carpóforo: 3-8 cm. De joven, cerrado y de forma esférica. Abierto, tiene forma de estrella, con el endoperidio en el centro. Globoso y perforado en la parte superior. Marrón.

Carne: De compacta a pulverulenta. De blanco a marrón negruzco.

Esporas: Pardas.

Hábitat: En bosques y prados húmedos. Otoño.

La Hume, Sueve (Parres)

BOVISTA PLUMBEA. Bejín plomizo

Carpóforo: 2-5 cm. Forma esférica un poco achatada. Aterciopelado. Agrietado. Perforado en la parte superior. Blanco.

Carne: Inicialmente, compacta. Al final, pulverulenta. Blanca. Color pardo con la edad. Inodora.

Esporas: Pardas.

Hábitat: Crece en prados y pastizales. Verano-otoño.

Observaciones: Comestible si la carne es blanca (joven).

Caldevilla (Piloña)

CALVATIA EXCIPULIFORMIS

Carpóforo: 6-12 cm de altura. De forma esférica sobre un pie cilíndrico. Superficie blanca parduzca cubierta de finas verrugas.
Carne: Blanda. Blanca, oscurece con la maduración de las esporas.

Esporas: Marrones.
Hábitat: Bosques de frondosas. Verano-otoño.
Observaciones: Comestibles los ejemplares jóvenes.

Villar de la Cuesta (Parres)

CALVATIA UTRIFORMIS.

Lycoperdon caelatum. Péu de llobu

Carpóforo: 5-20 cm. En forma de pera invertida. Superficie agrietada. En la madurez, abierto en forma de cuenco. Perdurando incluso hasta la siguiente temporada. Blanco. Pardo con el tiempo.

Carne: Al principio, compacta; después, pulverulenta. Blanca.

Esporas: Pardas.

Hábitat: Crece en prados y pastizales. Primavera-otoño.

Observaciones: Comestible si la carne es blanca (joven).

Museo Evaristo Valle (Gijón)

CLATHRUS RUBER. *Clathrus cancellatus*

Carpóforo: 3-6 cm. Primero, en forma de huevo. Después, se abre por el exoperidio, saliendo una masa en forma reticular que lleva en su interior la gleba.
Carne: Color de blanco a rojo intenso. Blanda. De olor fétido.
Esporas: Pardas.
Hábitat: En bosques y jardines. Primavera-otoño.

Puerto de Somiedo (Somiedo)

CRUCIBULUM LAEVE

Carpóforo: 0,5-1 cm. Globoso. Maduro, en forma de nido. Blanco amarillento. Gleba en forma de lenteja del mismo color.

Carne: Blanca.

Esporas: Transparentes.

Hábitat: Sobre restos de madera o paja. Otoño-invierno.

Observaciones: Sin valor culinario.

Moñes (Piloña)

CYATHUS STRIATUS

Carpóforo: 0,5-1 cm. En forma de vaso. Tomentoso por fuera, estriado por dentro. Recuerda un nido con huevos. Pardo oscuro. El peridio, blanco, aparece en el fondo en forma de lenteja.

Carne: Escasa. Elástica. Inodora.
Esporas: Negruzcas.
Hábitat: Crece sobre restos leñosos de caducifolios. Verano-otoño.

San Martín de Bada (Parres)

GEASTRUM SESSILE

Carpóforo: 3-6 cm. Forma de esfera. Tostado. En la madurez se abre en forma de estrella de color blanco con brazos triangulares, que lleva en el centro un globo tostado que contiene la gleba.

Carne: Blanca.
Esporas: Tostadas.
Hábitat: Bosques. Verano-otoño
Observaciones: Sin valor culinario.

San Martín de Bada (Parres)

GEASTRUM TRIPLES

Carpóforo: 3-8 cm. Ovoide. Pardo. En la madurez se abre en estrella con brazos de forma triangular y de color tostado. En su centro se levanta un globo más oscuro que contiene la gleba.

Carne: Blanca.
Esporas: Color chocolate.
Hábitat: Bosques. Verano-otoño.
Observaciones: No comestible.

Mántaras (Tapia de Casariego)

LANGERMANNIA GIGANTEA

Carpóforo: Grandísimo, hasta 70 cm de diámetro. Globoso. Blanquecino que oscurece con la edad. Gleba blanca; marrón en la madurez.

Carne: Blanca.

Esporas: Amarillentas.

Hábitat: Pastizales muy abonados. Verano-otoño.

Observaciones: Buen comestible cuando la gleba es blanca. Resulta inconfundible por su tamaño. Puede superar los 30 kg.

Miravalles (Villaviciosa)

LYCOPERDON MOLLE

Carpóforo: 2-6 cm. Globoso sobre un pequeño pie blanquecino que se vuelve pardo con la edad. Superficie con pequeños aguijones que se desprenden sin dejar marca. Gleba blanca; parda en la madurez.

Carne: Blanca.
Esporas: Tostadas.
Hábitat: Bosques. Primavera-otoño.
Observaciones: Comestible cuando la gleba es blanca.

Grancenu, Peloño (Ponga)

LYCOPERDON PERLATUM.

Lycoperdon gemmatum. Péu de raposu

Carpóforo: 2-5 cm. Globoso, más estrecho en la base. Cubierto de verrugas que se pierden con la edad. Blanco. De adulto, perforado en la parte superior. Pardo.
Carne: Compacta primero; finalmente, pulverulenta. Blanca. Color pardo en la madurez.

Esporas: Pardas.
Hábitat: Frecuente en pastizales y bosques. Otoño.
Observaciones: Comestible si la carne es blanca (joven).

Fresnedo (Cabranes)

MUTINUS CANINUS. Falo perruno

Carpóforo: Forma cónica de capuchón con alveolos pequeños. Viscoso. Con pie blanco, cilíndrico y cavernoso que surge de la volva. Separable fácilmente de la volva. De rojo a verde oscuro.

Carne: Escasa. Frágil. De roja a verdosa. Olor desagradable.

Esporas: Verdosas.

Hábitat: Crece en bosques de coníferas y caducifolios. Otoño.

La Viesca, Sueve (Colunga)

PHALUS IMPUDICUS. Falo hediondo

Carpóforo: En forma de huevo (4-5 cm) del que sale una especie de falo (10-15 cm) con un sombrero campanulado cubierto por gleba verdosa y con un pie cilíndrico blanco puro separable de la volva, también blanca.

Carne: Blanda. Esponjosa. Frágil. Blanca. Hedionda.

Esporas: Color pardo verdoso.

Hábitat: En bosques y jardines. Verano-otoño.

Cereceda (Piloña)

RHIZOPOGON ROSEOLUS

Carpóforo: 2-6 cm. Bulboso. Escamoso y con finos cordones micélicos. Peridio grueso y consistente. Crece enterrado o semienterrado. De amarillento a oliváceo.

Carne: Compacta. De blanco a pardo negruzco. Jaspeada de blanco.

Esporas: Pardas.

Hábitat: Nace en suelos arenosos de pinares. Primavera-otoño.

Merás (Valdés)

SCLERODERMA CITRINUM. *Scleroderma vulgare*

Carpóforo: 3-10 cm. De forma esférica achatada. La capa externa es muy resistente. Verrugosa y agrietada. Pie casi inexistente. De color blanco amarillento

Carne: De compacta a pulverulenta. De blanco a violeta negruzco. Olor a ajo.

Esporas: Pardas.

Hábitat: Bosques de coníferas y caducifolios. Otoño.

Observaciones: Tóxico.

Tuero (Villaviciosa)

SCLERODERMA POLYRHIZUM. *Scleroderma geaster*

Carpóforo: 5-15 cm. En principio, esférico y aplastado. Agrietado. En la madurez, abierto en forma de estrella irregular. Capa externa gruesa y resistente. Marrón.
Carne: De compacta a pulverulenta. De blanco a pardo negruzco. Siempre jaspeada de blanco.
Esporas: Pardas.
Hábitat: En suelos desnudos de pinares. Primavera-otoño.

Bibliografía

ALEXOPOULOS, C. J.; MINS, C. W., 1985, *Introducción a la Micología*, Editorial Omega. Barcelona.

ALEXOPOULOS, C. J.; MINS, C. W., y BLACKWELL, M., 1996, *Introductory Micology*, 4.ª edición, John Wiley and Sons, Inc. Nueva York, Chichester, Brisbane, Toronto, Singapur.

ANDRÉS, J.; GARCÍA, O.; CARBÓ, R.; ROMERO, C. M., y LOSA, J. M.,1997, "Aportaciones al estudio de los hongos macromicetos en las provincias de León y Oviedo", *Boletín de la Estación Central Ecológica*, 6 (12), 53-56.

ARIAS CANGA, J., 1996, *Guía de setas de Asturias*, Ediciones Trea,Gijón.

AZCÓN, G., y BAREA, J. M., 1980, "Micorrizas", *Investigación y Ciencia*.

BORY ROS, F., 1983, "Intoxicación por setas", en *El médico en las situaciones urgentes*, 226-234, IDEPSA.

BUSCA ISUSI, J. M., 1983, *Guía para recolectar las principales setas comestibles*. Editorial Txerto,. San Sebastián.

CALONGE, F. D., 1979, *Setas (hongos). Guía ilustrada*, Editorial Mundi-Prensa, Madrid,

-1983. *Hongos de nuestros campos y bosques*, 3.ª edición, Servicio de Publicaciones Agrarias, Ministerio de Agricultura, Pesca y Alimentación, Madrid.

CATRO, M., y FREIRE, L., 1982, *Guía das setas ou cogumelos comestibles de Galicia*, Colección Montes e Fontes, Edicions Xerais de Galicia, Vigo.

CETTO, B., 1979-1980, *Guía de los hongos de Europa*, 3 vols, Editorial Omega, Barcelona.

DÍEZ FERNÁNDEZ, V., 1986, "Inspección Veterinaria de las setas: comercialización, cultivo *y* tratamientos tecnológicos", conferencia en Curso de Inspección Sanitaria de las setas, Dirección General de Salud Pública, Consejería de Sanidad y Seguridad Social, Xunta de Galicia, Orense.

FONT QUER, P., 1975, *Diccionario de Botánica*, 5.ª reimpr., Editorial Labor, Barcelona.

GARCÍA ASENSIO, J. M., 2004, *Los aprovechamientos micológicos en España. Régimen jurídico*, Dykinson, Madrid.

GARCÍA BONA, L. M., 1980, *Navarra, setas y hongos*, Caja de Ahorros de Navarra.

GARCÍA FERNÁNDEZ, J. L.; GARCÍA FERNÁNDEZ, E., y FERNÁNDEZ B. DE QUIRÓS, C., 1976, *El camino Real del Puerto La Mesa*, Colegio Oficial de Arquitectos de León y Asturias, Oviedo, Madrid.

GARCÍA ROLLÁN, M., 1984, *Setas de los árboles. Hongos de la madera*, Publicaciones de Extensión Agraria, Ministerio de Agricultura, Pesca y Alimentación, Madrid.

-1986, *Manual para buscar setas*, Servicio de Publicaciones Agrarias, Ministerio de Agricultura, Pesca y Alimentación, Madrid.

GARNWEIDNER, E., 1984, *Setas. Gran guía de la naturaleza,* Editorial Everest, León.

GISBERT CALABUIG, J. A., 1977, *Medicina Legal y Toxicología, 205-212,* Fundación García Muñoz, Sección Saber, Valencia.

GONZÁLEZ, G.; TREVIÑO, J., y GARCÍA ROLLÁN, M., 1971, "La composición en principios inmediatos, celulosas, lignina y aminoácidos de diversos hongos comestibles", *Alimentaria*, (40) 21-26.

GRAY, W. D., 1980, "The use of fungi as food and in food processing", *CRC Critical Reviews in Food Technology*, 225-329.

HAYES, W. A., 1985, "Biology and technology of Mushroom culture", en *Microbiology of Fermented Food*, (1) 295-321, Elsevier.

KLEIJN, H., 1964, *Hongos. Formas y colores*, Editorial Juventud, Barcelona.

LANGE, J. E.; LANGE, D. M., y LLIMONA, X., 1976, *Guía de campo de los hongos de Europa*, Editorial Omega, Barcelona.

LAPITZ MENDÍA, J. J., 1983, *Manual de las setas*, Penthation Ediciones, Madrid.

LITTEN, W., 1975, "The most poisonous mushrooms", *Scientific American*, 232 (3), 91-101.

LLAMAS FRADE, B., y TERRÓN ALFONSO, A., 2003, *Atlas fotográfico de los hongos de la península ibérica*, Celarayn Editorial, León.

LOTINA, R., 1985, *Mil setas ibéricas*, Diputación Foral de Vizcaya, Bilbao.

MAYOR, M.; GARCÍA, O.; ANDRÉS, J.; CARBÓ, R., y MARTÍNEZ, G., 1973, "Aportaciones al estudio de los hongos en las provincias de León y Oviedo", *Revista de la Facultad de Ciencias de la Universidad de Oviedo*, 14 (1), 211-225.

MENDOZA RINCÓN, R., y DÍAZ MONTOYA, G., 1980, *Las setas. Manual práctico para el aficionado*, Grupo de Empresas Iberduero, Sección de Micología.

-1987, *Las setas. Guía fotográfica y descriptiva*, Sección de Micología de Iberduero, Imprenta Industrial, Sondica (Vizcaya).

MORENO, G.; GARCÍA MANJÓN, J. L., y ZUGAZA, A., 1986, *La guía de Incafo de los hongos de la Península Ibérica*, 2 vols., Editorial Incafo, Madrid.

PHILLIPS, R., 1981, *Mushrooms and other fungi of Great Britain and Europe*, Pan Books, Ltd., Londres.

RUBIO, E.; SUÁREZ, A.; MIRANDA, M. A., y LINDE, J., 2006, *Catálogo provisional de los macromicetos (setas) de Asturias*, Real Instituto de Estudios Asturianos, Oviedo.

RUBIO, E.; MIRANDA, M. A.; LINDE, J., y SÁNCHEZ, J. A., 2011, *Biodiversidad fúngica del Parque Natural de Somiedo*, Ayuntamiento de Somiedo, Asturias.

SÁNCHEZ-OCAÑA, J.; RUBIO, E.; MIRANDA, M. A., y SÁNCHEZ-OCAÑA, M., 1997, *Las setas en Asturias*, Caja de Asturias, Oviedo.

Síntesis Toxicológica, 1974, Warner-Chilcott Laboratorien.

Sociedad de Ciencias Naturales Aranzadi y Caja de Ahorros de San Sebastián, 1971-1985, *Setas del País Vasco* (colección de 15 series de láminas).

Sociedad Catalana de Micología, 1982-1986, *Bolets de Catalunya* (colección de cinco series de láminas).

TELLERÍA, M. T., 2011, *Los hongos*, Catarata-CSIC, Madrid.

TOHARIA, M., 1985, *El libro de las setas*, Alianza Editorial, Madrid.

VALLE GUTIÉRREZ, C. (coord.), 2005, *Setas de Salamanca*, Diputación de Salamanca, Departamento de Cultura.

Índice de especies

Agaricus arvensis 108
Agaricus campester 109
Agaricus langei 110
Agaricus macrosporus 111
Agaricus silvaticus 112
Agaricus xanthoderma 113
Agrocybe aegerita 114
Aleuria aurantia 66
Amanita caesarea 115
Amanita cinerea 124
Amanita citrina 116
Amanita crocea 117
Amanita enfundada 125
Amanita fulva 118
Amanita muscaria 119
Amanita pantherina 120
Amanita phalloides 121
Amanita rubescens 122
Amanita solitaria 123
Amanita spissa 124
Amanita vaginata 125
Amanita vinosa 122
Anellaria semiovata 126
Anthurus archeri 247
Armilaria color miel 127
Armillaria mellea 127
Armillariella mellea 127
Asterophora lycoperdioides 210
Astraeus hygrometricus 248
Auricularia mesenterica 244
Barbuda 135
Bejín plomizo 249
Bola de nieve 108
Boleto anillado 103
Boleto bayo 104
Boleto del pino 93
Boletus aereus 89
Boletus badius 104
Boletus bovinus 101
Boletus calopus 90
Boletus edulis 91
Boletus erythropus 92
Boletus ferrugineus 105
Boletus granulatus 102
Boletus luteus 103
Boletus pachypus 90
Boletus parasiticus 106
Boletus pinicola 93
Boletus regius 94
Boletus reticulatus 95
Boletus satanas 96
Boletus scaber 99
Boletus subtomentosus 107
Bovista plumbea 249
Calabaza 91
Calocybe gambosa 128
Calvatia excipuliformis 250
Calvatia utriformis 251
Camarophyllus niveus 129
Camarophyllus pratensis 130
Cantharellus cibarius 214
Cantharellus cinereus 215
Cantharellus sinuosus 236
Cantharellus tubaeformis 216
Carbonera 206
Champiñón silvestre 109
Chroogomphus rutilus 97
Cicuta verde 121
Clathrus archeri 247
Clathrus cancellatus 252
Clathrus ruber 252
Clavaria amethystina 218
Clavaria cristata 219
Clavaria flammans 222
Clavaria vermicularis 217
Clavulina amethystina 218
Clavulina cristata 219
Clavulina rugosa 220
Clavulinopsis fusiformis 221
Clavulinopsis helvola 222
Clitocybe aurantiaca 98
Clitocybe geotropa 131
Clitocybe gibba 132
Clitocybe umbilicata 147
Clitopilus prunulus 133
Cojín 78
Colmenilla 72, 73, 74
Coprino antialcohólico 134
Coprino diseminado 136
Coprinus atramentarius 134
Coprinus comatus 135
Coprinus disseminatus 136
Coprinus micaceus 137
Coprinus plicatilis 138
Coprinus truncorum 139
Cortinario viscoso 144
Cortinarius arcuatorum 140
Cortinarius glaucopus 141
Cortinarius porphyropus 142
Cortinarius sebaceus 143
Cortinarius trivialis 144
Craterellus cornucopioides 223

Crepidotus cesati 145
Crucibulum laeve 253
Cyathus striatus 254
Entoloma lividum 146
Esquizofilo común 88
Falo hediondo 261
Falo perruno 260
Falso níscalo 203
Fistulina hepatica 224
Fomes fomentarius 225
Fuligo cinerea 62
Fuligo septica 63
Ganoderma applanatum 226
Ganoderma lucidum 227
Ganoderma resinaceum 228
Geastrum sessile 255
Geastrum stellatum 248
Geastrum triples 256
Geoglossum fallax 67
Gerronema umbilicatum 147
Gomphidius viscidus 97
Gonfidio viscoso 97
Gorro verde 213
Gymnopilus spectabilis 148
Hebeloma edurum 149
Helvella crispa 68
Higroforo amarillo 152
Higroforo de los prados 130
Higroforo rojo 155
Hongo negro 89
Humaria hemisphaerica 69
Hydnum repandum 229
Hydnum rufescens 230
Hygrocybe calyptraeformis 150
Hygrocybe cantharellus 151
Hygrocybe chlorophana 152
Hygrocybe coccinea 153
Hygrocybe nigrescens 154
Hygrocybe punicea 155
Hygrophoropsis aurantiaca 98
Hygrophorus coccineus 153
Hygrophorus eburneus 156
Hypholoma fasciculare 157
Hypoxilon coccineum 70
Hypoxylon fragiforme 70
Inocybe fastigiata 158
Inonotus hispidus 231
Krombholziella duriuscula 99
Lacaria amatista 159
Laccaria amethiystina 159
Laccaria bicolor 160
Laccaria laccata 161
Lactario anaranjado 202
Lactario aterciopelado 201
Lactario pimentero 199
Lactarius blumii 196
Lactarius deliciosus 197
Lactarius piperatus 199
Lactarius rufus 200
Lactarius vellereus 201
Lactarius volemus 202
Lactarius zonarius 203
Laetiporus sulphureus 232
Langermannia gigantea 257
Lengua de buey 224
Lengua de gato 229, 230
Lepiota blanca 167
Lepiota cristata 162
Lepiota ignivolvata 163
Lepiota naucina 167
Lepiota procera 170
Lepista nebularis 164
Lepista nuda 165
Lepista rickenii 166
Leucoagaricus pudicus 167
Leucocoprinus birnbaumii 168
Lycogala epidendrom 64
Lycoperdon caelatum 251
Lycoperdon molle 258
Macrolepiota mastoidea 169
Macrolepiota procera 170
Marasmius albuscorticis 171
Marasmius alliaceus 172
Marasmius oreades 173
Marasmius rotula 174
Matamoscas 119
Melanoleuca grammopodia 175
Mitrula paludosa 71
Mitrula phalloides 71
Mízcalo 197
Molinera 133
Morchella conica var. Deliciosa 72
Morchella esculenta 73
Morchella vulgaris 74
Mucidula mucida 180
Mutinus caninus 260
Mycena chlorinella 176
Mycena inclinata 179
Mycena praecox 177
Mycena seynii 178
Níscalo 197
Oreja de gato 68
Oronja 115
Oudomansiella mucida 180
Palomita 188
Panaeolus campanulatus 181
Panaeolus papilionaceus 181
Panaeolus semiovata 126
Panus conchatus 86
Pardilla 164

Pardina 166
Paxillus involutus 100
Paxilo enrollado 100
Peckiella lateritia 198
Perrechico 128
Péu de llobu 251
Peziza arvernensis 75
Peziza aurantia 66
Peziza badia 76
Peziza repanda 77
Phalus impudicus 261
Pholiota aegerita 114
Pholiota aurivella 182
Pie rojo 92
Piptoporus betulinus 233
Platera 131
Pleurotus ostreatus 87
Pluteus leoninus 183
Pluteus pesatus 184
Polyporus squamosus 234
Polyporus sulphureus 232
Polyporus tuberaster 235
Polyporus versicolor 243
Psalliota arvensis 108
Psalliota campestris 109
Psalliota macrospora 111
Psalliota xanthoderma 113
Psathyrella candolleana 185
Pseudoclitocybe cyathiformis 186
Pseudocraterellus sinuosus 236
Ramaria aurea 237
Ramaria flava 238
Ramaria pallida 239
Rebozuelo 214
Rhizina inflata 78
Rhizina undulata 78
Rhizopogon roseolus 262
Russula aeruginea 204
Russula caerulea 205
Russula cyanoxanta 206
Russula emetica 207
Russula foetens 208
Russula nigricans 209
Russula pseudointegra 211
Russula vesca 212
Russula virescens 213
Rúsula ennegrecida 209
Rúsula fétida 208
Sarcodon imbricatus 240
Satirela blanca 185
Schizophyllum commune 88
Scleroderma citrinum 263
Scleroderma geaster 264
Scleroderma polyrhizum 264
Scleroderma vulgare 263
Senderuela 173
Sepultaria sumneriana 79
Seta de brezo 166
Seta de chopo 114
Seta de cura 213
Seta de los caballeros 189
Seta del rayu 128
Seta de pie azul 165
Seta de san jorge 128
Stereum hirsutum 241
Stropharia semiglobata 187
Suillus bovinus 101
Suillus granulatus 102
Suillus luteus 103
Trametes hirsuta 242
Trametes versicolor 243
Tremella encephala 245
Tremella mesenterica 246
Tricholoma columbeta 188
Tricholoma ecuestre 189
Tricholoma georgii 128
Tricholoma nudum 165
Tricholoma panaeolulus 166
Tricholoma saponaceum 190
Tricholoma squarrulosum 191
Tricholoma sulphureum 192
Tricholompsis rutilans 193
Tricoloma escamoso 191
Trompeta de los muertos 223
Trufa de invierno 80
Tuber brumale 80
Ustulina deusta 81
Volvariella speciosa 194
Volvariella volvacea 195
Xerocomus badius 104
Xerocomus ferrugineus 105
Xerocomus parasiticus 106
Xerocomus subtomentosus 107
Xylaria hipoxylon 82
Xylaria polimorpha 83
Yesquero 225
Yesquero aplanado 226
Yesquero de color 243
Yesquero del abedul 233
Yesquero erizado 231

Notas de campo

Notas de campo

Notas de campo

Notas de campo

Notas de campo

Notas de campo

Notas de campo

Notas de campo

Notas de campo

Notas de campo

Notas de campo

Notas de campo

Notas de campo

Notas de campo

Notas de campo

Notas de campo

Se termino de imprimir este libro
en los talleres de
Gráficas Summa en Llanera
el día 18 de diciembre de 2014,
aniversario del lanzamiento del primer
satelite de comunicaciones

Quod scriptum, impresum est